田中 一規

マンガ

種の起源

ダーウィンの進化論

講談社

目次

装幀　海野幸裕
カバー画　田中一規

地球…
数知れないほどの生命が生まれ…
子孫を残しては死んでいく…

プロローグ

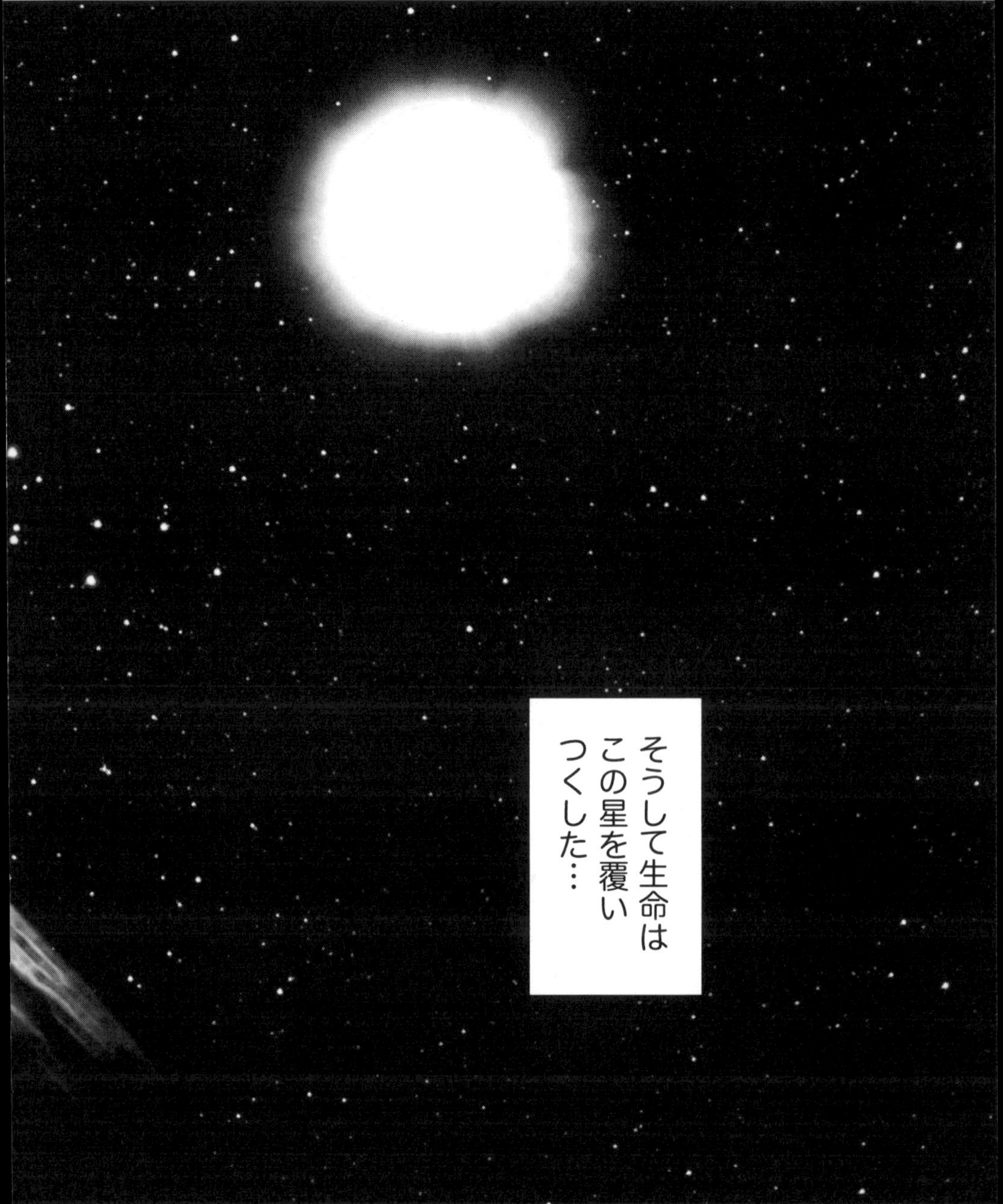
そうして生命は
この星を覆い
つくした…

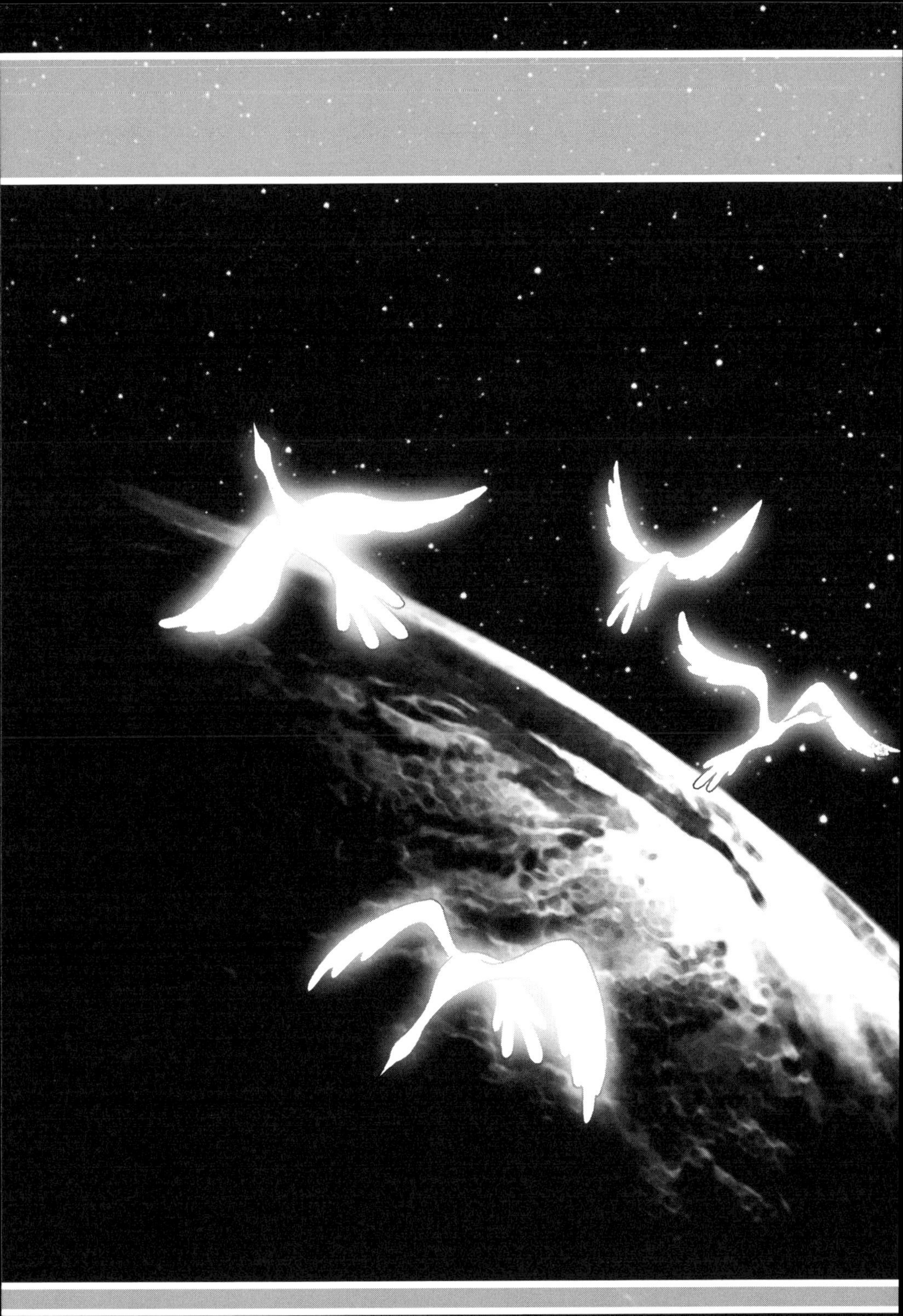

さまざまな
姿をした
生物たちは

いったいどのようにしてこの星に現れたのだろうか

どの民族にも「創造神話」というものがある
それは世界の始まりや人間の起源を説く
パチ
パチッ
古代トラキアの神話によると…※
女神エウリュノメは何もない混沌《こんとん》を天と海にわけ
オリュンポスの神々の王オピオンと交わった
そして鳥と化したエウリュノメは卵を産み、そこから星々や生命が生まれたと伝えられている

※トラキア＝現在のバルカン半島南東地域。

古代バビロニアの石板によると※
神マルドゥクは女神ティアマトと死闘の末…
ティアマトの体をまっぷたつに裂き…
うりゃっ!!
その死体で天地を造った
ティアマトの涙がティグリス・ユーフラテス川となり
その血から人間や動物が生まれたといわれている

※バビロニア＝メソポタミア（現在のイラク）南部を占める地域。紀元前4000年頃から栄えた古代王国。

インドのヒンドゥー教では、宇宙や生命は破壊と創造が繰り返され…
…始まりも終わりもないと考えられている
破壊のあと…
暗いな…
何もない…
あなたは全宇宙を司る神…なにかご用でしょうか？
母なる地球よ…大地を上げてくれないか…？
ゴゴゴゴゴゴ…
ピシャ
パシャッ

あとは魂が宿れるモノが必要だな…
う〜 むむむ…
マインドパワーッ

ヒンドゥー教での魂は破壊されない永遠のもの…人間や動物の体は魂の宿る器でしかない
生涯を終え…死んでは別の器に生まれ変わる…これが「輪廻転生《りんねてんせい》」である
ブ〜ン
あわわ…

ところが科学が進歩すると…人は自分たちの地球が宇宙はおろか…
太陽系の中心ですらないことを知り…
自分たちの神話に確信が持てなくなってきた…
じいさまから伝わってきた話とちゃう…もっともっと自然な根拠に基づいた説明があるんかも
あんたは頭ええから言うてる事がようわからへん
知識の進歩が問題を深みに落とした
もし創造神話が間違いならばこの多種多様な生物たちはどこから来たのか？
答えは出ず人々の議論は続いた…
しかし!!
この謎を解いた男がいる！
その名は…ダーウィン!!
う～んちっ…と
ゲージュツだ…
うむっ!!
あのう…ダーウィン先生…
自己紹介…
ん？

おう…わしはチャールズダーウィン！
ま！ちょっとは名の知れた者じゃから知っておろう
ホッ
ホッホッ
なにぃっ!?
知らんじゃとぉ!?
勉強不足じゃ！説明してやるから良く聞きなさい
けしからん!!
なぜ生物にはいろいろな種類がいるのか？神秘中の神秘だと思わんか？わしはこの謎を解き明かしたのじゃよ！
この風変わりなおじいさんの発見が人類の考え方を大きく変えることになる…
でもまずは時間を少しさかのぼってダーウィン先生がどうやって解答にたどり着いたのかを探ってみよう
まあ良い！わしの若いハンサムな頃の活躍をまずみなしゃい!!

学生時代

第一章

"Wisdom begins in wonder."

Socrates

「知恵は、『なぜ？』から始まる。」

ソクラテス

エジンバラ

西暦1825年…
近代化の中心の
ひとつであった
スコットランドの
首都ーエジンバラ
宗教に束縛されずに
発展していたこの
都市ではアイデアが
自由に交わされ…
北のアテネとまで
呼ばれていた
エジンバラ
イギリス
フランス

エジンバラ大学
そこは大志を抱く
医学生の集まる
メッカであり…
チャールズ
ダーウィンもその
中の一人で、当時
16歳であった

将来を期待されてはいたものの…医者になる意欲はなくー
…
ガ〜〜…
ー両親の期待は見事外れた彼は自然を観察するのが趣味で…
授業をサボっては虫や石を集め…
毎日遊んでいた
オラが発見した新種
そんなある日…
なんかあるらしい…行ってみよう!
ワイ ワイ
神が生物を創っただと!?
そうだ!
そしてそれ以来生物は変わっていない!!
くわのっ
なにおっ

化石をみろよ！生物が変わっていないなんてウソだろ？
あの石の彫刻はな…神様がお前みたいな罰当たりを地獄に誘い込むためにお埋めなさったもんだよ
ウフフッ♡
もうちょい…
ケッ!!
化石は昔の生物の残骸だ
やすらかにねむれ
それをよーく調べると、生物は徐々に進化していることがわかるんだ…
絶滅した種だってあるんだ！
「種」って何だ？
生物の分類のひとつだよ 二匹の生き物が子供を産んで血筋を続けることができればその二匹は同じ種のものなんだ※
おい
とくいっ!!
馬鹿言え！
神が生物をお創りになったと聖書にちゃんと書いてある
偉大な学者ニュートンだって聖書の登場人物の年齢を逆算して、世界は6千年前に創られたと計算している 6千年程度じゃ骨は石にならないぜ！
6000年
けーさんにまちがいはない…

物理学と数学の巨匠
アイザック・ニュートン

※この本ではダーウィンくんの定義で十分だが、実際にはもうちょっと複雑な話なのである。

じゃあ、なんでマンモスのように滅んだ生物がいるんだ?
神が人間の悪さに呆れて初めっからやり直すことになさったんだ
でも偉大なる神はその前にノアという善人に箱船を作らせた
ノアよ…箱船を作り…全ての種からオスとメスを一組ずつ選んで箱船に入れよ…
ひ〜っ!!
お代官様勘弁してくだせえ
ところがドアを小さく作りすぎてしまった…
ちっ!ミスったか…
そうして洪水が来たときにマンモスは溺れ死んでしまったのさ!
マァンモスゥー!!
そうだったのかぁ…
なーるほどな

こう例えてみよう…
道ばたでポケットウォッチ（懐中時計）を見つけたら…
チッ チッ チッ…
これほどうまくできている物は「自然にできた」とは思わず「誰かが作った」と思うだろう※
納得納得！
ウンウン
生物にも同じく創造主がいるということだ!!
神がデザインしたとしか考えられないっ！
すべての現象は科学的に説明できるんだ!!
生物の由来だってきっと同じだ！
負け惜しみか…醜いな…
天罰が下るぜ！
このっ このぉ～
ふっふっふ…
いやあねえ
かんじわるいやつ!!
神様を信じない人がいるなんていやだね！
でも面白かったよ…
特にポケットウォッチの例えは説得力あるなあ
我ながらいい例えじゃ…
ホーッホッホッ
こーふん!!
生物は神様がデザインしたのか…それとも進化したのか…もっと調べなくっちゃ！
いつも思うけどおまえって変わったやつだな…
ブツブツ…
キリスト教と哲学に貢献したイギリスの主教
ウィリアム・ペイリー

※18世紀にペイリー主教が論じた「ポケットウォッチの例え」は進化の概念に対抗するのによく持ち出された。

古代からの言い伝え

ファーッ!
うっせえな……
ピーチチ……チ……
チチ…チ…
おはよーっす!

眠たそうじゃないか
ムニャムニャ…
昨日の議論が気になってね…

ところでさ何で医学なんか勉強しに来たんだ?
オイラが決めたことじゃないんだ…

去年…
きょろ
きょろ
そ～っ…と
チャールズ!!
びくぅっ
どど…どど…っと
毎日遊びほうけて…
…ったく
前から考えていたがもう決めたぞ!
来年からエジンバラ大学に行け!
え～っ?
わしとおじいさまが通った医学部だ
ご先祖様に恥じのないようしっかり勉強するんだぞ
そ…そんな…
じっちゃんは凄かったんだよな…
エラスムス・ダーウィンだろ?
有名だよ!※1
じっちゃんは文化人によるエリートの会を設立したんだ…
みんな夜遅くても帰れるように満月の夜に会うことにして
「ルナ（月）の会」と呼んだんだってさ
自分たちではルナティックの会だとふざけていたけど…これには科学や産業の英雄が集まっていたんだよ※2
イギリスの産業革命を切り開いた人たちじゃないか!
へーッ!!
陶器で有名な
ジョサイア・ウエッジウッド
パワーの単位!!
O_2
N_2O
CO_2
ソーダのジワジワ
蒸気機関の発明者
ジェームズ・ワット
酸素を発見した化学者
ジョセフ・プリーストリー

※1 医者・生物学者・詩人のエラスムスは名誉ある王立学会の会員でもあった。ダーウィン家は6代にもわたって王立学会に選出されている。

※2 ルナティックとは英語で「変人」のこと。

ルナ会の人達は「自由に考えること」をモットーにしていたんだ…
神やまじないに頼らずに、知性によって世の中を良くしていこうではないか！※
パタ
パタ…
エラスムス・ダーウィン
…とにかくじっちゃんも親父も医者だったからおいらもそれに沿って進んでるだけさ
なーる…
そいじゃオイラはここで…
どこ行くんだよ？今日は解剖の日だぞ！
んじゃ
単位落としても知らねえぞ！
どうでもいいもーん！♪

※「神」という説明だけに頼らず、科学の法則を駆使してビジネスをしようとする考えは徐々に世界を非宗教的な方向へと誘導していった。
爆発的に工業化が進み、人の考えが変わりつつある世界でダーウィンは育っていったのだ。

よーしっ！
まずは古いところから調べるか！
西洋の思想は昔からギリシャの哲学に強く影響されていた
２４００年前…アリストテレスは「偉大なる存在の連鎖」という概念を提唱した
ギリシャの哲学者
アリストテレス
神が全てを創造し…
魂のない物質が一番下で…
その上に植物、動物、人間、
天使…神へと生命の階級が
決められている考えだね※

※自然に階級があるという概念は人間の貧富の差を説明するためにも使われていた。
そのような世界では、だれも自分の階級を越えようと努力しないので、貴族にとっては都合のいい考えであった。

神が世界を6日で創ったことは誰でも知ってるけど…
ダーウィンの時代ではこの「天地創造説」のように聖書にあることを文字通り真実とするのが一般人の間だけでなく、学者の間でも普通だった
うーん…
神によって世界が創られてから生物は全く変化していないとされ…種の分類学で有名なリンネですらそう信じていた
チッチッ
進化? とんでもない!
まさか…
分類学の父と呼ばれている
カール・フォン・リンネ
それでも進化を信じる人はいた
ほほう
1776年にビュフォンは「生命は進化したかもしれない」と考えたが…表では意見を隠した
もしかしたらニンゲンとサルは親戚かも…
ぼそっ…
フランスの生物学者
ジョルジュ・ビュフォン
ダーウィンの祖父エラスムス・ダーウィンは「全ての生物の根源はひとつだろう」と悟っている
ニンゲンだって進化したのかも知れんぞ…
エラスムス
自然の殿堂
植物の園
じっちゃんの書いた本じゃないか!
あれっ??
しかし生命が具体的にどうやって進化するのかがわからず…あいまいな概念だけに終わってしまっていた

ところが18世紀のヨーロッパで化石の研究が始まり…「進化」がまた話題になった…
オーララ
おい!! 道路で何をしている?
ルンルン～ン♪
パリ大学のジョルジュ・レオポルド・クレティエン・フレデリク・ダゴベール・キュビエは掘り出した化石とその場所の関係に気づいた※
この名前なんとかならんか?
じょ…じょるじゅ…でりく…だごー…だごご…
地層は土砂などのたい積でできたのだから、上の層にある化石ほど新しい化石である
パラパラ
新しい層
古い層
「比較解剖学」の開祖
ジョルジュ・キュビエ
キュビエはさらにゾウの化石を発見し、その種はもう存在しないことに気づき、「絶滅」という概念を提唱した
今はいない動物や植物が昔は存在していたのだ…
しかしせっかく創った生命を神が滅びさせることは神学的に矛盾し…一般人には信じられなかった
神さまはそんなひでぇことしねぇ
ナンセンスだー!
飲酒運転反対!
いや…ちょっとまて!! すべては聖書に書かれている! 神の御手が大地を破壊し、生命は絶滅したのだ!
これが「激変説」であり…ノアの洪水のような破滅の後に、神は新しく生命を創り直すものだとされていた
ゴゴゴゴゴー
キュビエもやはり生命は神が創ったものと考えていた…
生命は驚くほど調和がとれている これは神様が設計して創った証拠にほかならない
これぞ…工学的パーフェクション…
後ろに倒れないようにするニンゲンバランサー
うう～ん
身体を支えるニンゲン足
キュッと力を入れて実をだすニンゲンおしり

※面倒くさいので、以後こういうくどい名前は省略する。

ダーウィンには神が生物を設計して創ったという説が自然に思えた
科学が進んだ現在でさえ…人間は自然のすごさにびっくりさせられるばかりである
パラパラッ
BIBLE
最先端の合成繊維のケブラーは拳銃の弾を通さないほど強い
しかしクモの糸はケブラーの10倍も強く…鉛筆の太さもあれば、飛んでいるジャンボ機を楽に止めることができる
イテッ
ドスッ
ウィ〜〜ン
繊維の合成には工場のほかに高温と酸が必要だが…
クモはあの小さい体で、それも酸なしの常温水の中で作ってしまう
ブクブクッ
つよいっ!!
伝説によると東洋を制圧したジンギスカンの兵隊はクモの糸でできた鎧をまとったといわれる
うんしょうんしょっ
水の中で一番接着力が強いのりはフジツボが作るものであり…
ぶんぎぎぎっ
ピトッ♡
戦車の装甲もアワビの殻の固さには真っ青だ
こっ、こわれない!
ガリガリ
へいきへいき
アワビ
バクテリアが作る磁石に勝る物はいまだに開発されていない
純潔で化学構造が完璧な磁石「結晶マグネタイト」
あっちが北だなっ!
ぴっきーん
N
S
磁石をコンパスとして使っているバクテリア
Magnetospirillum magnetotacticum
自然の神秘は人知を越え神が全ての種を設計したと思う方が理にかなっていた

おう…ダーウィン君じゃないか
グラント先生!
ワハハッ
海の生物を研究していた
ロバート・グラント
あたっ
進化か…
それならラマルクという学者を知っているかね?
いえ…
なになに?
進化の提唱者、フランスの
ジャン・バティスト・ラマルク
彼は面白い説を発表している
生命は直線的に進化していくものだといい…
進化は「環境」と「意志」の二つに影響されるというのだ
意志?
例えばエサにありつこうとしたシカが「首を長くしよう」と考えて首が少し長くなる…
このように変化した生物の特徴は遺伝で子供に受け継がれ…
それを何代も続ければシカはキリンになる
も…
もうちょい
グイン
グイン
亀のこうらも同じく…敵から身を守るために堅くなったと彼はいう
カチコチン!!

アリストテレスによると生物は生まれつき階級が決められていた…
逆にラマルクは生物はエスカレーターで昇って行くように変わっていくと言ったのだよ…
1809年だったかな？
「動物哲学」という本に書かれている
オイラが生まれた年だ…
ダーウィン進化論の到来まではラマルク説が一番有力であった
しかし、意志によって本当に体が変わるだろうか？
背丈をのばそうと考えても効果があるようには思えないし…
あとから得た知識や能力が子供に受け継がれるとは思えない
エラスムス
ロバート
チャールズ
オイラは大器晩成型なのさ！
ま…
こういう話は危ないから気をつけるんだぞ
ラマルクはキュビエや世間にずいぶん叩かれているらしいからな
進化か…
罰が当たりそうな話だな…
でもおもしろいや！
キョロ
キョロッ
うっしっし!!
よう…まだいるのか？
遅いから帰ろうぜ！
いや…もうすこしいる！
プルン
プルン
じゃあ先に帰ってるぞ…
チェッ
おう
ダーウィンがのちに世界を揺るがす大発見をするとは当時、誰も思わなかった…

ケンブリッジ
数年後…
エサのようい はいいか?
人体解剖なんて もうごめんだ
あったり めえよ!
今日は 釣るぞ!
いざ まい ろう!
チャールズ!!
どこ に行く つもり だ!?
ギクゥッ

明日は試験だと先生が言ってたぞ
成績が悪いと聞いたらやっぱりこうか！
おやじぃ…何でこんな所に…？
医学に興味ないことはよーくわかった
我が家の恥にならないよう育ってもらいたい
しーらないっと
もう聖職者になってもらうしかないな※
きめたぞ
エジンバラよさらばだ…
ズルズル…
ケンブリッジ大学に入学したダーウィンはまた興味のない勉強を始めた
えーと…アダムとイブがラブラブ…と…
成績は平凡だったが生物学に関しては色々と学び…
ケンブリッジ大学のヘンズロウ教授と親しくなり、植物収集の探検によくお供した
聖職者兼植物学者
ジョン・ヘンズロウ

※聖職者＝牧師などの人。

またセジウィック教授には北ウェールズを一緒に探検させてもらい…色々と学んだ※
聖職者兼博物学者
アダム・セジウィック
ダーウィン君 資料集めは楽しいかね?
はい!

それはいい… 君の観察力は鋭いからな
でも資料を集めるだけでは一流の科学者にはなれないぞ
?
自然は見て憧れるだけでなく… 「なぜ」と問い、答えを求めなければならない
物や現象に共通した傾向を見い出し事実を裏付ける法則を生み出すことが大事だ
いつも教えてくださってありがとうございます
いやいや…君のように熱心な生徒もなかなかいない…
私も教えがいがあるというものだ

※セジウィックはロンドン地質学会の会長であり、彼の講演は大変人気があった。女性も地質学に多く貢献できると信じ、そのころのしきたりから離れて女性にも門戸を開放した。

あ〜あ…明日もまた聖書の学習か…
こっちの方が面白いよな…
生命は神が創ったのか？
それとも進化したのか…
それが問題だ！
ハムレット
あそうだ聖書聖書…
はずかし…
ダーウィンは学生時代にさまざまな刺激をうけた
そんな彼に、運命の旅が待っていた…

ビーグル号の航海

第二章

"If you truly love Nature,
you will find beauty everywhere."

Vincent Van Gogh

「自然が本当に好きなら、
あらゆる所で美を見いだせるだろう。」

フィンセント・ファン・ゴッホ

運命を変えた手紙

ロンドン 1831年
ダーウィンはまだ22才
田舎の聖職者になるのも悪くないと考えていたころ運命を変える手紙が届いた
Prancin
Pon
Antic
Elton Apothecary
Smith Books

うあっ…
ごめんなさい!
な…なんだ?
ヘンズロウがイギリス海軍ビーグル号に博物学者として乗ることを勧めたのだ

チャールズ…
ダーウィン…
ともうします
フィッツロイ
船長でしょう
か…？
ふむ…君が
ダーウィンか…
少しまちたまえ
残念だが
連れては
いかれんな
えーっ!?
ナハッ
人相学によれば
君の鼻は
なまけ者の鼻だ
鼻はだめでも
観察する目は
いいです！
まあ…いい
だろう！
はいっ!!
お供させてい
ただきます！

ロバート・フィッツロイがOKをだしたのはダーウィンが彼と同じ上級社会の人間だったからに過ぎない
出発は10月だ それまでに用意したまえ
また、船長としての身分上、乗組員とは親しくなれないので話し相手がほしかったのだ
置いてきぼりを食らってたまるか!! やっと親父を説得したんだ!
ダーウィン家は金に余裕があり…
ダーウィンは実験器具や本を持ちきれないほど積み込んだ
だれだ… あいつ?
時はたち、悪天候が続いたため何度も港に引き返したが、12月の末にやっと旅立つことになった

餞別だ
ヘンズロウ先生！
おーい！集合だぞ
新しい生物の標本を送るからね
生きて帰ってこいよ！
なんだなんだ？
諸君、よーく聞いてくれ！
世界規模で広がっていく貿易を確たるものにするため、海での安全なルートを探し、確保しなければならない
我々は南アメリカ沿岸の測量のために世界周航の旅に出る
イギリス海軍にとって大事な任務であーる！諸君の全力を尽くしてほしい!!
3年は帰らない覚悟で本土の見納めをしておけ！
以上だ!!
ダーウィンの一生を変える旅が始まったのだ

長旅のため6千もの野菜を詰めた箱、数え切れない肉の缶詰やライムジュースの樽、薬、標本の防腐剤を積み、ビーグル号の総重量は500トンを超えた
これだけありゃあ十分だな
ちげえねえ
ダーウィンは聖職者になるために世界を知っておくのも良いだろうと考えた
それでも遭難や病気で死ぬ確率が高い海の旅であり不安に満ちていた
イギリスが小さくなってく…
フ…フアー…
たいくつ
宿題もあるし…聖書でも読むか
ホジ
ホジ
おっ そうだ ヘンズロウ先生にもらった本があった
G. Lyell
これには大事な内容が入っている…しっかりと読めよ
よくこんなの手に入れたな
この「地質学原理」は現代地質学の創設者チャールズ・ライエルの本である
C. Lyell
Principles of Geology

ライエルが主張する「斉一説」では、大地は長い時間をかけて風や水の力によって創られたとされている※
キュビエが言ってた天変地異とは違うな
C. Lyell

陸は海や川に削られ…
火山の噴火や地震で大地は変化し…
岩や山は風にすり切られ…
風化した砂は別の所に蓄積される
この説には超自然的な力は出てこない

※「斉一」とはそろっていることを意味し、「斉一説」とは地球を形づける自然現象は昔も今も同じという説である。

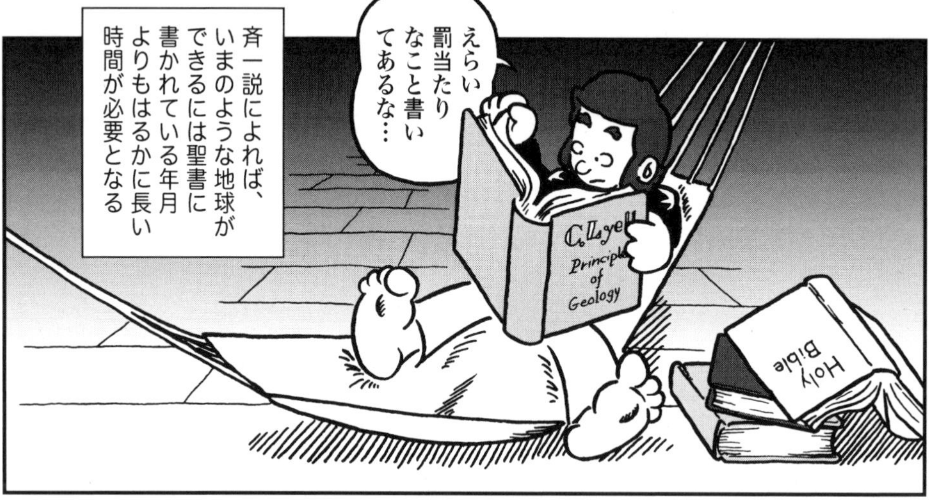
えらい罰当たりなこと書いてあるな…
斉一説によれば、いまのような地球ができるには聖書に書かれている年月よりもはるかに長い時間が必要となる
C.Lyell Principles of Geology
Holy Bible

ライエルの本はのちのダーウィンの進化論に大きな影響を及ぼすことになる
うぷっ…
ダーウィン！もう酔ってるのか？3年の辛抱だぞ！
そんなにもたないよー…なんて旅に加わってしまったんだ…

秘境！　南アメリカ大陸

イギリス
アフリカ
アマゾン
南アメリカ
数ヶ月後…
どいて どいて！
ザザーッ
旅だったばかりなのに思いやられるな… すぐブラジルだ そこで体調を整えたらどうだ？
私は海岸線を測量する 4ヶ月後にまた会おう！
どんっ
大丈夫か あいつ？
うううっ …う

元気出せよ
…ん!
うっ…
ヒッ!
これが熱帯雨林か…!!
資料を集めなくっちゃ

アマゾンって地球のどこよりも生物の種類が多いんだよ！
ゲコ
ここの動物を標本として送ればみんな喜ぶぞ！
急に元気になって…まるで子供じゃないか
撃ち落とした鳥をはく製にして、標本を集めてはヘンズロウに送った

ダーウィンにとって
アマゾンでの毎日は
冒険で、天国にいるかの
ようにうれしかった
虫の新種を
70匹も捕まえた
日もあり…
ある日は午前中に
80羽もの鳥を
撃ち落とし、集める
ことができた

アマゾンは生命に満ちていた※1
葉っぱや枝に似た昆虫
虫に食われた葉っルックも再現！
輝きが１００メートル先からも見えるモルフォチョウ
17センチにもなる世界最大のかぶと虫
ヘラクレスオオカブト
はなせー
ゾウカブト
アマゾンの多くのアリは樹木にすみかを貸してもらう代わりに樹木を敵から守る※2
わへーきょーてー!!
こんなアリの集団に襲われたら命はない
げぷっ…ビーフにかぎるな
あるクモは何百匹ものチームで作った大きい巣で獲物をとらえる
逆に大きいタランチュラは巣を作らずに鳥まで捕まえてしまう
食用肉の家畜で森のチキンとよばれているイグアナ
人生はよいものだ
南米のワニ カイマン
カイマンの卵の性別は環境の温度できまる
小さく、見かけは色とりどりで自然界指折りの毒性を持つヤドクガエル
アメリカンインディアンが吹き矢の毒として使ったことから名前が来たんだ
ほ乳類も色々といる
スーイスイ
４５０キロの図体で泳ぎ上手なアマゾンマナティー

※1「アマゾン川流域には数百万種もの生物がおり、記録されていない種が無数にある。しかし今では世界の熱帯雨林は減る一方である。

※2「互いに助け合って生きていく種は「共生関係」にあるという。あまりにも頼りすぎて一緒でなければ生きていけない種もいる。むふっ！

アマゾンで一番
大きい陸のほ乳類
バク
歯だけでなくあごもない
オオアリクイ
チャーシューにしたらうまいだろうな
小さい豚のような
ペッカリー
10センチしかない
ピグミー
マーモセット※
世界一小さいサルなんだよ
これはアマゾンの王者ジャガー小さいのがオセロット
ムニュッ
ガルル…
オセロット
ジャガー
70キロで全長120センチだ すごいだろ
世界一大きいげっし類で
水遊びが大好きな
カピバラ
サトウキビ畑を荒らす
オオテンジクネズミ
ビッビッビ…
ボリ…
ボリ…
ナマケモノ
時速16メートルで森の中を進むナマケモノは世界一遅いけものだ…実際なまけもので人生の4分の3は眠っている

※首の回りのポンポン毛から、スペイン語では小さいライオン、「リオンシート」と呼ばれている。

アマゾンは鳥の種類も世界最多である
色とりどりなハチドリ
様々なサギ
オレンジ色のくちばしをもったオニオオハシ
人の声のまねができるアマゾンオウム
一生同じ相手と過ごすベニコンゴウインコ
しっぽを振ってよびよせたネズミなどの獲物を鋭いくちばしでばらしてしまうヒロハシハチクイモドキ
敵はよらないけど…友達もいないよー
内臓の中で食べ物を腐らせカイマンのにおいを漂わせる、モヒカン刈りのツメバケイ
また世界で最も多くの種類の淡水魚が棲んでいる
俺のウロコはカイマンの歯も通さねえぞ
世界最大の淡水魚で全長3メートル以上に育つピラルク
水中の酸素がなくなれば空気を吸い…川が乾けば水が来る日まで地中で待てるタフなやつだ
動物を食べるのもいるけど俺達のほとんどは落ちた果物を食べるだけだよ
鋭い歯を持つピラニア
しかし面白いことばかりではなく…一生彼を苦しめることになる熱帯の熱病に感染し
ビーグル号が戻るまで何とか持ちこたえた
うーん
おーい！船が戻ってるぞ！

うんしょ こらしょ
ひょーほん
せっせっせー
ぱらりこせ…
ひょーほん
…って
ズ…ズン
ひょーほん
ん…? 船がかたむいてないか?
いえ…気のせいでしょう!
ハハハ
ギ…ギギ…ギ
顔色が前より悪くなったな アルゼンチンでまた上陸するといい…
ハ…ハ…ハ…
心配だからコビントン君といきたまえ
俺も自然に興味があるんだ よろしくな…
こちらこそよろしく!!

さらに数ヶ月後…
アルゼンチンに来てからもう3週間か…ロンドンの朝飯のスコーンが懐かしくなってきたよ…
でも限りない自然に囲まれるのもいいよね
ちょっとまって…
イギリス
アマゾン
南アメリカ
パタゴニア草原
これ骨だよ！
ヒラリッ
のりをくれ
ここがこうで…
ザック
ザク

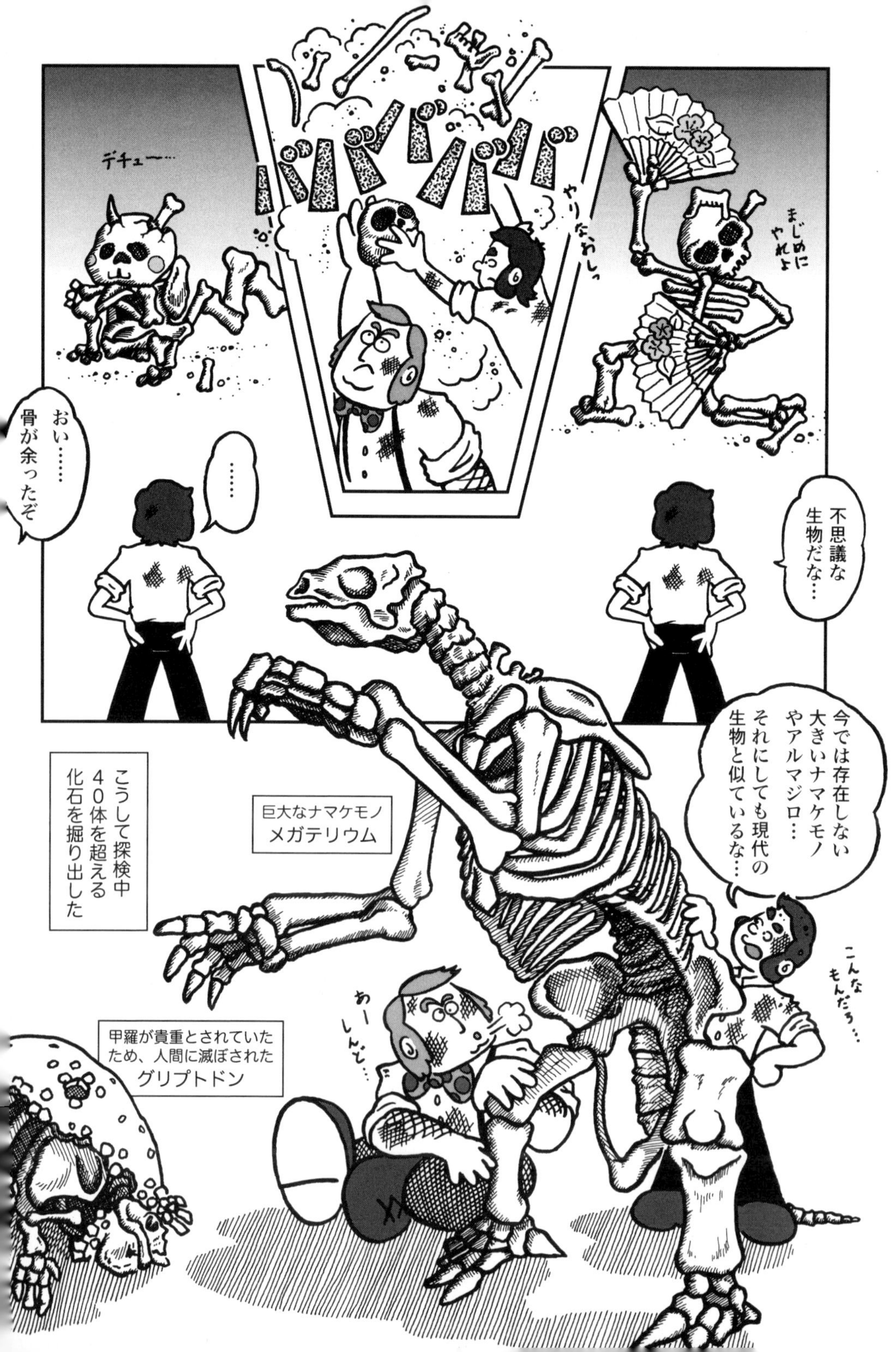
まじめにやれよ
やりなおしっ
デチュー…
不思議な生物だな…
……
おい……骨が余ったぞ
今では存在しない大きいナマケモノやアルマジロ…それにしても現代の生物と似ているな…
こんなもんだろ…
巨大なナマケモノ メガテリウム
こうして探検中40体を超える化石を掘り出した
あーしんど…
甲羅が貴重とされていたため、人間に滅ぼされたグリプトドン

こう化石を見ると昔と今の生物の間に何か関係ある感じがするんだ
生物は進化したのかも…
なに罰当たりなことを言ってるんだ!? 正気かよ?
今の話聞かなかったことにするぜ… 船の奴らが知ったら大変だぞ!!
数千キロものアルゼンチンの草原と広野をダーウィン達は調べ回り…ビーグル号に戻った
「短刀牙」という名前が付いた スミロドン
絶滅した南米ゾウ トクソドン
次の日でもまだいける カツドン

南アメリカ
アンデス山脈
ビーグル号の旅は続き…南米の西海岸まで来た
ダーウィンはヘンズロウが後から送ってきた本を読みながら地質学に燃え…
地質学 パート ツー
ライエルの逆襲！
自ら探検隊を結成…
さらばー ちきゅーーょー
フィッツロイが一年間の沿岸測量をするのを機会にアンデス山脈に挑んだ
アンデスは地球で一番古い山脈のひとつなんだよ…楽しみだな
もう変な動物はいやだよ
安心安心！アマゾンほどやばいやつはいないよ！
な…案外だいじょぶだろ？
あ…ああ
おい！
ゴゴゴゴゴ

ゴゴゴゴゴゴゴ。
なんだ?
もしかしたらこれがライエルのいってた…
地震!
しっかりつかまれ!
やっぱり本当だったんだ
これは地球の中のマグマが地上に押し寄せて…
そんなことはどうでもいい!
ライエル先生ですら噴火をみてないのに…帰ったら自慢しよっ
へへッ…
もたもたするな!

またある日…
昨日の地震こわかったね…
おーい！ちょっと来てみろ!!
いったい何だろう？
これは木だよ！昔の木が石化したんだ！
なんで神様はこんな物を創ったんだろ？
こりゃあ石化するのに時間がかかったろうな
みて…昔は森だったんだ…
大昔の木が倒れた後すぐに火山灰をかぶり、地中で水に溶けた灰が浸透して石化した
風などで地面が削られ、表面に出た化石は鉄やミネラルが混ざっているためあざやかな虹色にひかる

一方、日本では歌川広重《うたがわひろしげ》がついに東海道五十三次を完成した！
で…でけた！
なんだこいつ？
？
歌川氏が出版社と交渉している頃、ダーウィン達は頂上に近づいていた
ボッ
どれくらいきた？
海抜3500メートルだね
ビューッ
ちょっと休むか…
ぐびっ
フーッ
？
貝じゃないか！
誰かが食ったもんだろ
いや化石だ…それもいっぱいある
でも近くに水はないよ？

本で読んだ時は信じられなかったけど…この山も地面が押し上げられてできたのかも
そうなら、海の底に大昔あった物が持ち上げられたと説明できる※
死んで土に埋まる
貝が…
地面が持ち上がる
何年待てばこんな所まで上がるんだ？
何万年…いや、それ以上…
少なくとも聖書に書いてある年数では足りないね
またかよ！みんなに知られてサメのエサにされてもしらねえぞ!!
それに地層はまるでパイの皮のように砕かれてる…なんて力だ!!

※世界で一番高い山エベレストがあるヒマラヤ山脈でも貝の化石が見つかっている。

やっぱりライエル先生は正しいのかな…
でもすげーな…スコットランドの山なんて4分の1もないぜ！
地球のてっぺんかもね
ということならこれが世界一の滝だな！
ワッハハハ!!
ムードこわすなよ！
せんちめんたるなのに!!
ダーウィンは海の底から山を持ち上げる力に驚き…
学生時代に習ったことや、ライエルの本から学んだことを自ら体験できた興奮のあまり、眠れない夜が多かった…
社会から離れ、自由に考える時間が多く…信じていることも変わっていった
日記なんか書いて女々しいな！いいかげんあかり消せよ…
あとちょっとだけ…

どうのこうのやっている間に一年たち…
こんなにもたせるから遅れたじゃないか!!
わりぃわりぃ! 国に帰ったらおごるからさ
こらーっ!
何週間待たせるんだ!! 置いてくぞ!
せんちょー

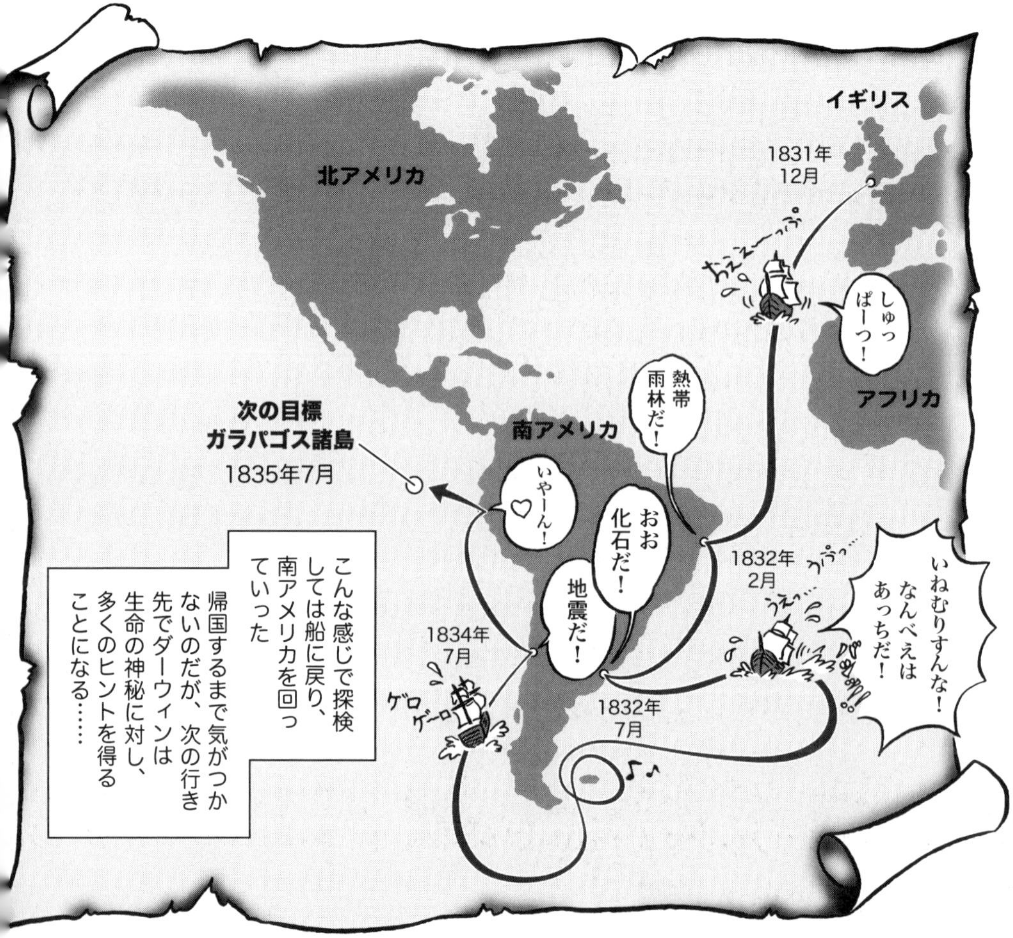
イギリス
1831年12月
北アメリカ
おえええ～っぷ
しゅっぱーつ!
アフリカ
熱帯雨林だ!
南アメリカ
次の目標
ガラパゴス諸島
1835年7月
いやーん!♡
おお化石だ!
地震だ!
1832年2月
いねむりすんな! なんべえはあっちだ!
1834年7月
ゲロゲーロ
1832年7月
こんな感じで探検しては船に戻り、南アメリカを回っていった
帰国するまで気がつかないのだが、次の行き先で生命の神秘に対し、多くのヒントを得ることになる……

ガラパゴス

1835年
南米を離れる前にもう一ヶ所寄っていく…
地図作りで忙しいから
また陸に上がって探検するといい
南アメリカ
ガラパゴス諸島
ヘノベサ島
サンチャゴ島
イザベラ島
エスパニョラ島
HMS BEAGLE
死ぬなよ
よっしゃ
ガラパゴって
スペイン語で
カメのことだ
面白いものが
見れるかも
ギーコ
ギーコ
おい
まてよ！
ごつっ
やけに
殺風景な
所だな
ん？
ブスッ
ブス
ブス

うあっちっち!
くつがとけたあ!
溶岩で地面がまだ熱いんだッ
おい!
ジュ〜〜
あ…サメ
バキ
バキッ
一ケ月なんてもたないよ…
たまらんなこりゃ!
ハーハー
ここは遭難者か海賊ぐらいしかこないんだってさ
あったりめぇよ…こんな所に正気なやつが来るかってんだ!
えらい所に来てしまったな
あっちがイザベラ島だよ…怖そうでいやだね

ライエルの本に書いてあったように、この辺の島はきっと火山の噴火によってできたんだよ
海
マグマ
なるほど…生物がいないわけだ
いや…そうでもないよ
ほら！かわいいカニがいるじゃないか
ベニイワガニ
ちぇっ…飯の足しにもならねえ…
こっちには道が…人間がいないのに不思議だね…
ガラパゴスゾウガメ
ダーウィン！こいつなら食いごたえあるぞ！
ガラパゴってきっとこのことだよ…250キロはあるね
ぞーがめ
250キロ

ぽっ
こいつ…おれが全くこわくないみたいだな
ガラパゴスリクイグアナ
それはイグアナだよ
結構生物でいっぱいじゃないか
にらめっこなら まけねえぞ
オラー
オオフラミンゴ
おおっ!! フラミンゴ!
……
資料を集めなくっちゃ
あらよっと
とおっ
や〜れやれ…南米に来て以来あれだ
それにしてもはくせい作りうまいな
どこが…
エジンバラの友人に教えてもらったんだ
でも彼は黒人だって聞いたぞ?
だからどうしたってんだよ…友達だぞ!!
わるかった!!
人種差別が今より激しかった時代、ダーウィンのような平等主義者は珍しかった…「生き物全てがつながっている」という概念も、「人間がみな兄弟」という考えができるからこそ生まれたのかも知れない

島を転々とする中、ヘノベサ島に着いた…
ガラパゴスウミイグアナ
よーく見ると愛嬌ある顔じゃないか！
ジタバタ
ジタバタ
ペットにでも……
ブーッ
くらえ
海水ぶっかけられた！
こいつは泳げるんだ……
サッバーーン
コビントンさん…何やってんの？
水かけたお返しさ！沈めてから一時間経ってるのにまだくたばらねえ！
えーっ!? 一時間も！
バチャ
バチャ
すげぇ肺活量だな…
前見たリクイグアナとは違うね……
ナニスンネン

数週間後…
エスパニョーラ島
この島が一番生き生きしてるね
他は居心地悪かったもんな
どでっ
グラッ
ゾウガメか…前見たのと少し違うね
そういやぁこうらが変わってるな
のっし
のっし
変な鳥がいるよ!
ギクッ…
青
しこ踏んでメスをよびよせる
ガラパゴスアオアシカツオドリ
ダーウィンがガラパゴスで見つけた生物は新種ばかりだった※
ここの生物は人なつっこいね
のどぶくろがめにはいらんか?!
オー!!
アメリカグンカンドリ
そして、この遠足のような毎日が大発見につながっていくとは誰が予想できたであろう
あんた!みっともないわ…

※ガラパゴス諸島にいる種の3割は、他のどこにもないといわれている。

ダーウィンは集めていた資料の重大さに気づいていなかったため、標本をごっちゃにしたりしていた偉い人も若い頃はドジるのだ
さいわい帰ってからは、専門家に色々と手伝ってもらって整理できた
かわいいとり
へんなとり
ほね1
くさいとり
おもちゃ
まてこらァ
アヘ
くろいとり
「水中を飛行する」といわれるガラパゴスペンギン
おっペンギンだ!
ペタペタ
熱帯ペンギンか…世界でここだけだろうね
まてー
見たことのない生物ばかりで、小さな別世界にいるみたいだ。それでも不思議とアメリカ大陸にいた種に似ている…
コビントン…オイラはこの島々に何か特別な物を感じるよ
そっかあ?
おまえニュータイプ?

まるで生命の神秘の答えに近づいていく気持ちだ…
大げさだな
そうしていつの間にか時間がすぎていった…
もうすぐガラパゴスを離れるぞ！
えーっ？一ケ月も経ってないのに？
ねえ、プリーズお願い、もうすこしだけ
船酔いダーウィンがどうしたというのだ
海の旅はいやでも、資料集めのためなら平気です！
よく言った！これからは帰り道だがまだ先は長いぞ

来たときはがっかりしたけどなごりおしいなあ
オーイ
オイ
旅とはそういうものだ
ハッハッハ
南米ともおさらばか…
資料は集めたし、進化の可能性も否定できないことがわかった…
?
でも、もしそうなら…その進化の仕組みはいったい何なんだろう?
HMS BEAGLE
これからダーウィンは生命のミステリーに一生をかけ、人間の世界観を根本的に変えてしまうことになる
ダーウィンはのちにいった…「ガラパゴス諸島での旅が私の全ての考えの原点であり、ビーグル号での航海が私の全生涯の道を決定した。」

新しい説

第三章

"How extremely stupid for me not to have thought of that!"

Thomas Huxley

「それを思いつかなかった私はなんと馬鹿なのだろう！」

トーマス・ハクスリー

帰ってきたダーウィン
1836年 10月
イギリスも5年ぶりか…何とか帰れたな…
よっ大将!
ヘンズロウ先生!
有名になっちまって!
こいつ
えっ??
送ってくれた新種をロンドン中の専門家に見てもらってるんだ…面白いんでえらい騒ぎだよ
そういえばグールド先生が話したいとか言ってたぞ
ロンドン動物学会のグールド先生が?
えーっと…この辺だよな…
コンコン

失礼しまーす
おー！ダーウィンか入ってくれ…
鳥類学者
ジョン・グールド
あれだけの標本ご苦労だったたな
あっ どうも
20種のマネシツグミを送ったと書いてあったけど実際は6種しかなかったよ…少しずつ違うから別の種と思ったのだろう
なーんだ バリエーションが多いだけか
ぼくのレポート ダーウィン
でも不思議と同じ島のマネシツグミは皆同じ種の者なのだよ
ホー
Nesomimus parvulus
ガラパゴス諸島
もっと面白いのはヒワで種ごとにくちばしが違っていて、木の実を砕いたり虫をほじくり出すために色々と設計されているようだ…
ガリ ガリッ
パク パク
ジッ ジッ
あと南米の種と血がつながっているみたいだね…
南米
ガラパゴス諸島
どうの こうの
あーした どーした
もうこんなじかんだ
じゃ もうそろそろ…
色々とありがとうございました！

そういやぁゾウガメも島によって違ってたな
生物の環境によって違う…か…
それから南米の種に似ているとはどういう事だろう？
ガラパゴスと南米は地形も気候も違うのに、生息する動物は似ている
大陸から移住したのかもな…
なんべえっ
南米から
ガラパゴス諸島
そして生物はそれぞれの島の環境に合わせて進化していった…？
そういえば…ライエルは地球の環境は徐々に変わってると言ってた…
生命だけが全く変わらなかったとしよう…
いずれは地球の変化についていけなくなって絶滅してしまう！

例えばだ…ある島が長年かけて沈んでったら…
し…しずむ～…
ガラパゴスウミイグアナの様に海で生きていけるようにならなければ絶滅しちゃう
やっぱり生命は進化したのか…?
ならどうやって…
う～ん…
ラマルクは個人の意志だと言う…
意志で頭を良くするの!!
キョーイクママ
むりだよー
またギリシャ人は宇宙の方向性だと言うし…
「創造説」を見切り始めたダーウィンは「進化」という概念に興味を持ち…
でも意志や方向性なんて根拠がないし…
その「進化」の背後にある真のメカニズムを探し始めた…

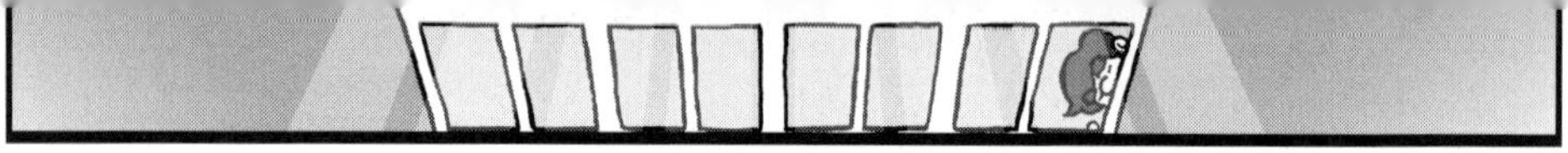

進化論誕生！

2年後…
アルゼンチンの石化した生物は…
なぜか現代のに似ている…
生物が進化したなら…
そういう化石データも説明がつく…

でも肝心な進化のメカニズムは一体なにか…
ぶつぶつ
ん？
なんだこの本は？ひどいこと書いてあるな…
人口の原理

これだ!!
人口の原理
イギリスの経済学者トーマス・マルサスは1798年に「人口の原理」を匿名で出版した
彼は人間の数が食料より速く増えるので、戦争、疫病、飢饉などで人口増を食い止めるしかないと言った
英国の産業革命で大幅に人口が増え…マルサスがいたロンドンでは5歳までに3人に2人は死ぬ有様だった
食べ物には限りがあるから貧しい人をむやみに助けるべきではない、と主張したのだ
あのー静かに…
な…なにがわかったんだ?
すげえ結論だからしっかりと裏づけないと…それまでは内緒だっ!!

時はたち…1839年にダーウィンはいとこのエマと結婚し、ロンドンの郊外に引っ越した
エマ・ウェッジウッド
それからは数多くの著書を出し…
ビーグル号航海記II
火山諸島
サンゴ礁の構造と分布
ビーグル号航海記I
本の評判でライエルと知り合い、ダーウィンは地質学会の秘書官に選定された
お陰で学問のエリートに加わわることができ、たのもしい味方がついた
ビーグル号で世界を回ったとはうらやましいですな
貴殿の研究には大変興味があるので何か手伝えることがあったらなんなりと申してくだされ
動物学者 トーマス・ハクスリー
植物学者 ジョセフ・フッカー
なら…あのー、ちょっと大っぴらに出せない話を聞いてもらえますか？
ああ ここだけの話だ
紳士に二言はない！
じつは…
ふむ ふむ
おっ？おおっ
おおおおおおおっ！

それは大事な発見だ！すぐ発表した方がいい！
でも慎重に進みたいので…
よし！ 俺達も応援するから早く出版しちまうんだ
そうですか！
うん うん
素晴らしい!!
これはただごとじゃないぞ！
くやしーわ!!
くっそー！ なぜ私が先に分からなかったんだ!? こんな明らかなことなのに!!
ダーウィンは文献を読みあさり、大勢の学者と文通し…
何万もの植物や動物を飼ったりしながら実験した

※ダーウィンの研究は現在でもフジツボの学問の基盤となっている。

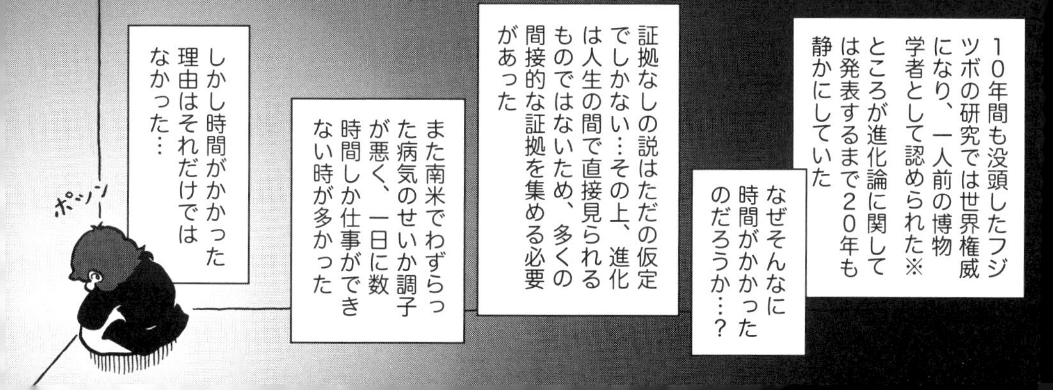
10年間も没頭したフジツボの研究では世界権威になり、一人前の博物学者として認められた※
ところが進化論に関しては発表するまで20年も静かにしていた
なぜそんなに時間がかかったのだろうか…？
証拠なしの説はただの仮定でしかない…その上、進化は人生の間で直接見られるものではないため、多くの間接的な証拠を集める必要があった
また南米でわずらった病気のせいか調子が悪く、一日に数時間しか仕事ができない時が多かった
しかし時間がかかった理由はそれだけではなかった…
ポツン

出版するか 出版しないか…
それが問題…
あーんた！ メロドラマは適当におし！
ロバート・チェンバーズでさえ匿名で本を出版したんだ
僕の説はそれより過激だ…発表できっこないよ
チェンバーズは生物が神に創造された後、止まることなく変化していることを化石が証拠づけていると言ったが、罰当たりだと猛烈な抗議にさらされた
ロバート・チェンバーズ
自然史の痕跡
創造の 進化した 生命は
ひ〜っ
神が創りはった完璧な動物が変わるハズないねん!!
しんじまえ!!
あんたはただでさえ人と衝突することが嫌なひとなのにね…
でも本当にこうだとおもう…
いい加減 進化の話はおよし！ そんなことばかり考えて死後あんたが地獄におちたらどうするのよ！
私はたった一人で天国に行くことになるわ
わかってる…僕だって辛いんだ…
進化論はキリスト教の基盤を崩し、社会をメチャメチャにしてしまうと非難された
フランスで革命が起こったのもこういった自由な思想が原因だとされていた

それでも私は書かねば…
コンコン
やー君たちか
進化論を書き上げたか？誰かに先こされるぞ
私も心配だ…他の人が答えにたどり着くのも時間の問題だ
実際ダーウィンが証拠を集めている間、マレー諸島で生命の神秘の解答に近づく男がもう一人いた…ワラスは貧しい自学の博物学者で…
エッホ エッホ
ゲホ ゲホ
チェンバーズの本に刺激され、熱帯の病気にかかりながらも探検を続け、進化によってできた新種を探していた
アルフレッド・ラッセル・ワラス
そして研究を続けている間…
こ…これだ!!
人口の原理
びんぼーな人の本だな
ゲーホ ゲホ…
これで謎が解けたぞ！わーい!!
ゲホッ ゲホッ
…彼も進化が生存闘争によって生じることに気づいたのだ

郵便！
なになに？
ん？
ワラスからじゃないか
ダーウィンくんへ ワラスから
ドサッ
ワラスが私と同じ発見をした…
ガーン
バッカヤロー!!
以前からダーウィンと文通していたワラスは…
ダーウィンの意見を聞くため未発表の論文を送って来たのだ
いわんこっちゃねぇ！
ドカッ
だらだらやってるから！
ベキィッ
こうなったら共同ということで発表するしかない！
ワラスには間に合わんが発表のことだけでも伝えておこう！
1859年7月ロンドンのリンネ会でダーウィンとワラスの共同発表となった※
変種が元型から限りなく離れていく傾向について
チャールズ・ダーウィン
アルフレッド・ラッセル・ワラス

※ワラスは人がよく、後まで共同発表のことを知らされなかったことをどうとも思わず、最後までダーウィンと仲が良かった。おとなしい人であったとはいえ、見習うべき紳士的な振る舞いの例である。

ダーウィンの「種の起源」は同じ年の11月24日に出版され…
こーだんしゃ
えらっしゃいっ!!
しゅのきげん
大ヒットし、その日のうちに一冊残らず売り切れた
おすな!!
おすな!!
おすな!!
しかしその結論が気にいらない人のほうが多く…ある主教の妻曰く
ダーウィンさんの説が本当じゃないことを願いましょう
もし本当なら一般に知られないことを望みますわ……※
まあ…
しゅのきげん
「種の起源」は科学者にも衝撃を与えたケンブリッジのセジウィック先生は自分の生徒の間違・い・に失望し…
ったく… しょーもないことを…
ダーウィン しゅのきげん
ライエルでさえ政治的に用心深く、王家との関係が大事であったため表だってダーウィンを支えてくれなかった
地質学者
チャールズ・ライエル
いやーっはっは… ダーウィンなんてしらないね
ダーウィンていやーね
こいつもあやしーな
もちろん友人のフッカーとハクスリーはこの説の重大さをよく理解していた
さぽーと!!
ハクスリーはダーウィン進化論を多くの反対派から一生守り続けたことから、「ダーウィンのブルドッグ」というあだ名まで付いた
ガオー
やばそー
ワイワイ
ガヤガヤ
とにかくダーウィンの進化論は難産の説であった

※膨大な証拠があるにもかかわらず、進化を認めない人は今でもいる。

ダーウィンの進化論

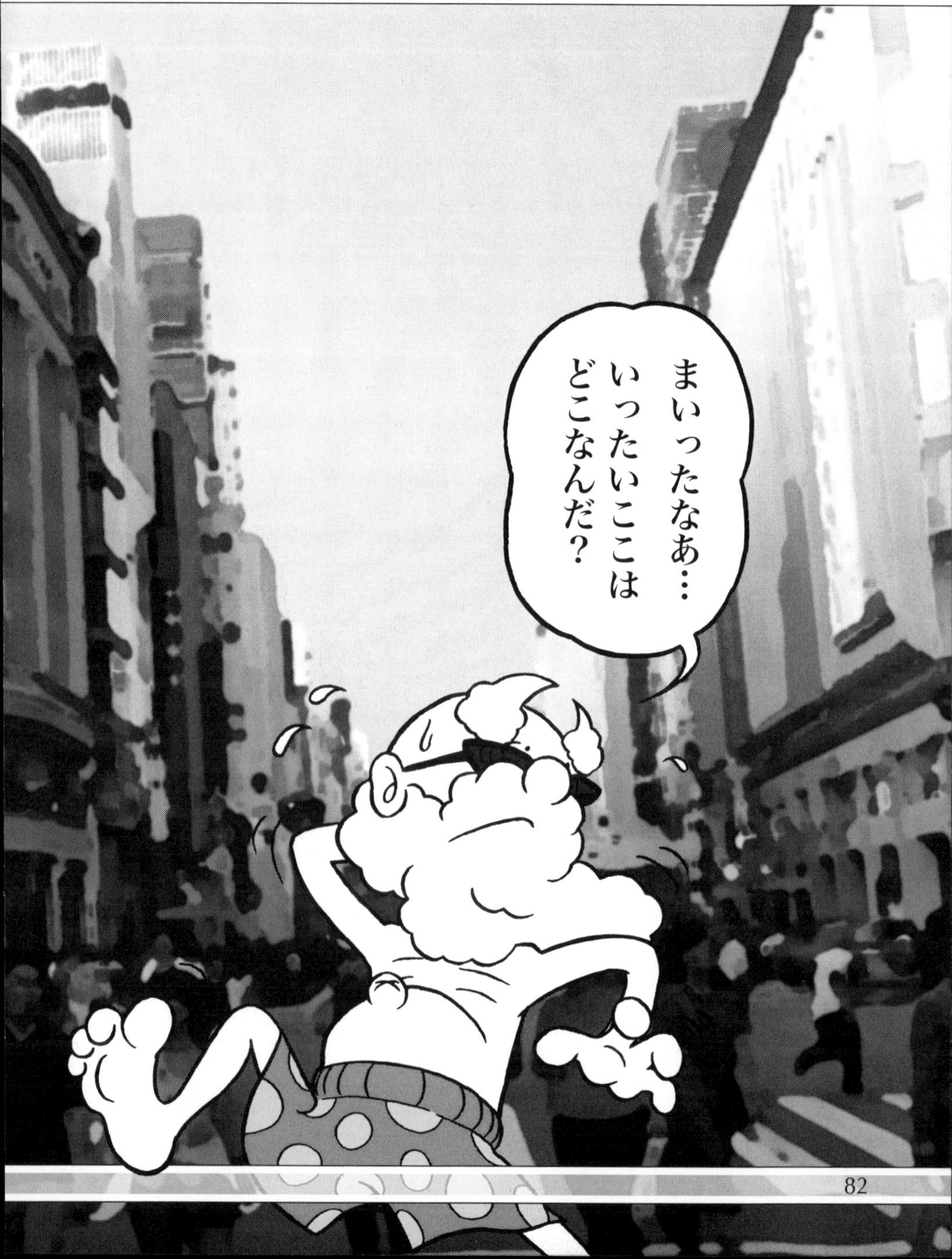
まいったなあ…
いったいここは
どこなんだ?

第四章

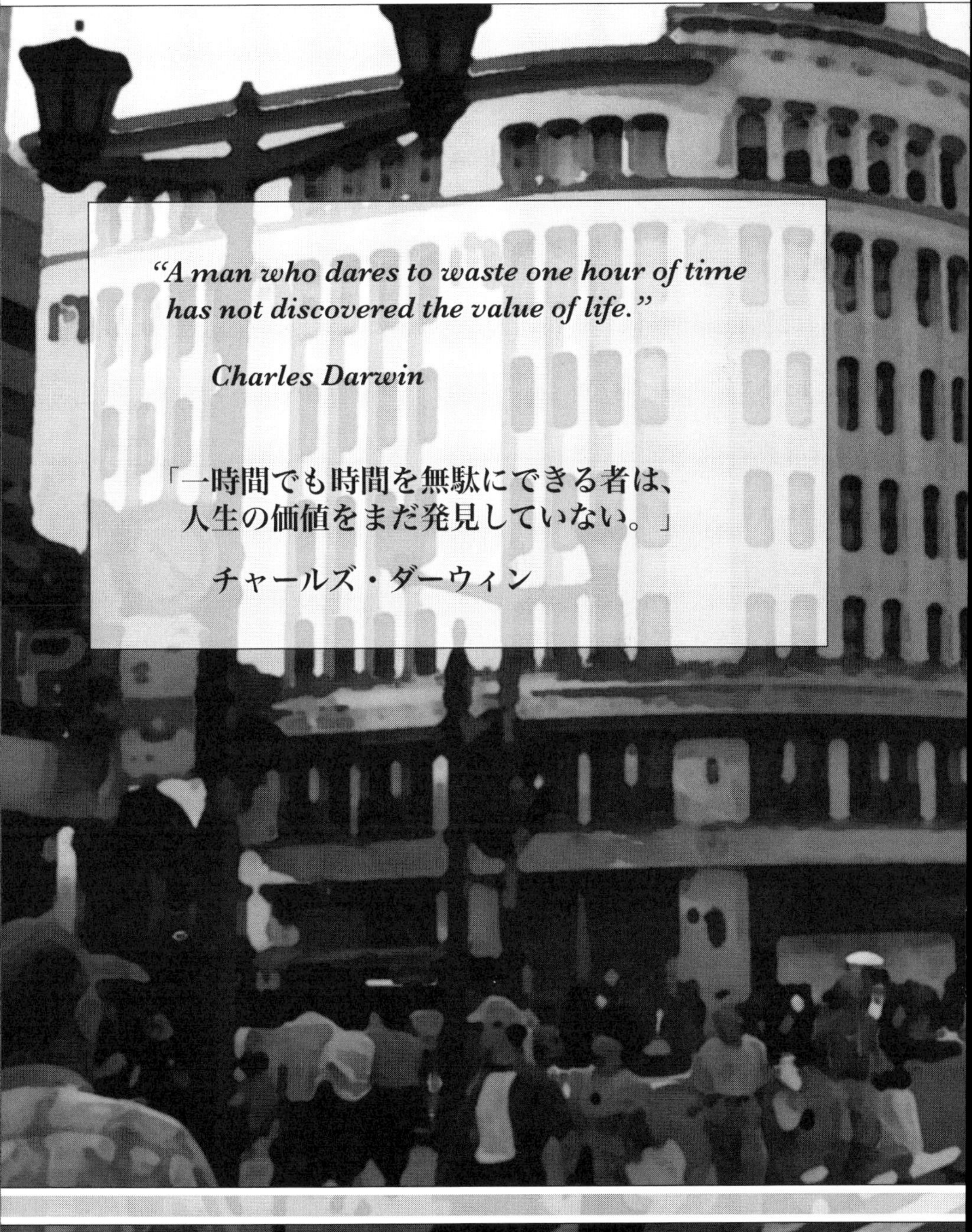

"A man who dares to waste one hour of time has not discovered the value of life."

Charles Darwin

「一時間でも時間を無駄にできる者は、
人生の価値をまだ発見していない。」

チャールズ・ダーウィン

環境に順応している生命

現在…日本
これじゃあ「種の起源」がまだわからないじゃないの！
も…!!
プハーッ
とおっ!!
トンッ
ドテッ
ウキーッ
だ…だれ?!
わしじゃ…ダーウィンじゃよ！
ス…スパイク
それじゃ歴史はこのくらいにして…これからはわしが解説しようかの
ではヒントを三つ与えよう！
ヒント第一！生命は環境によく順応しておることじゃ！
へ…?

例えばじゃホッキョクグマはわしらがとても住めない北極にいる
お〜さぶ…
ブルブル
どうしてこんな所にいられるのかと不思議じゃろ？
きっと脂肪をたっぷり身につけて、寒さから守っているのよ
オレの脂肪がどうした？
たしかに脂肪は断熱効果をもたらすが…あの白い毛が実は大事なのだ
おまえは誰なのじゃ？
なのれ
どうせ敵から身を隠すカモフラージュとか思ってないかね？
この俺に敵がいるかよ？こいつは獲物に忍び寄りやすくするためだ！
ホッキョクグマの毛は白いようだが…実はガラスのように透明で光ファイバーのようにできている
え？
と…とうめいなの？
モジモジ
まさか…
信じられんだろ…？
ヒ…ヒカリファイバ〜？？

光ファイバーとは中が鏡になっている筒状のガラスである光を中で反射させ、ケーブルに沿って光が誘導されるのでインターネットや電話回線などで使われている
光
イ…インタ〜ネットォ??
ま…まあいい…
とにかくホッキョクグマは光ファイバーのような毛を通して、太陽光のエネルギーを体の方に送っていく
パワー
ほほー
それだけではない…日光で頭が熱くなるのを経験したことがあるだろう?
あっちち
最近の若者は茶髪じゃからわからんかものう
フォッフォッ
黒い物質はよく光を吸収するからだ…ホッキョクグマは毛によって送られてきた光を効率よく吸収するため、白毛の下の皮膚は実は真っ黒なのだ
むっ!
ジョリジョリッ
ブィーーン
おーほんとだ!
そのうえ10センチもの脂肪をまとっていて、ときどき暑くなりすぎるため、凍るような水に入って涼んだりする
だからこんな寒いとこにいられるのね
さすが自然の摂理じゃろ
ハ…ハ…

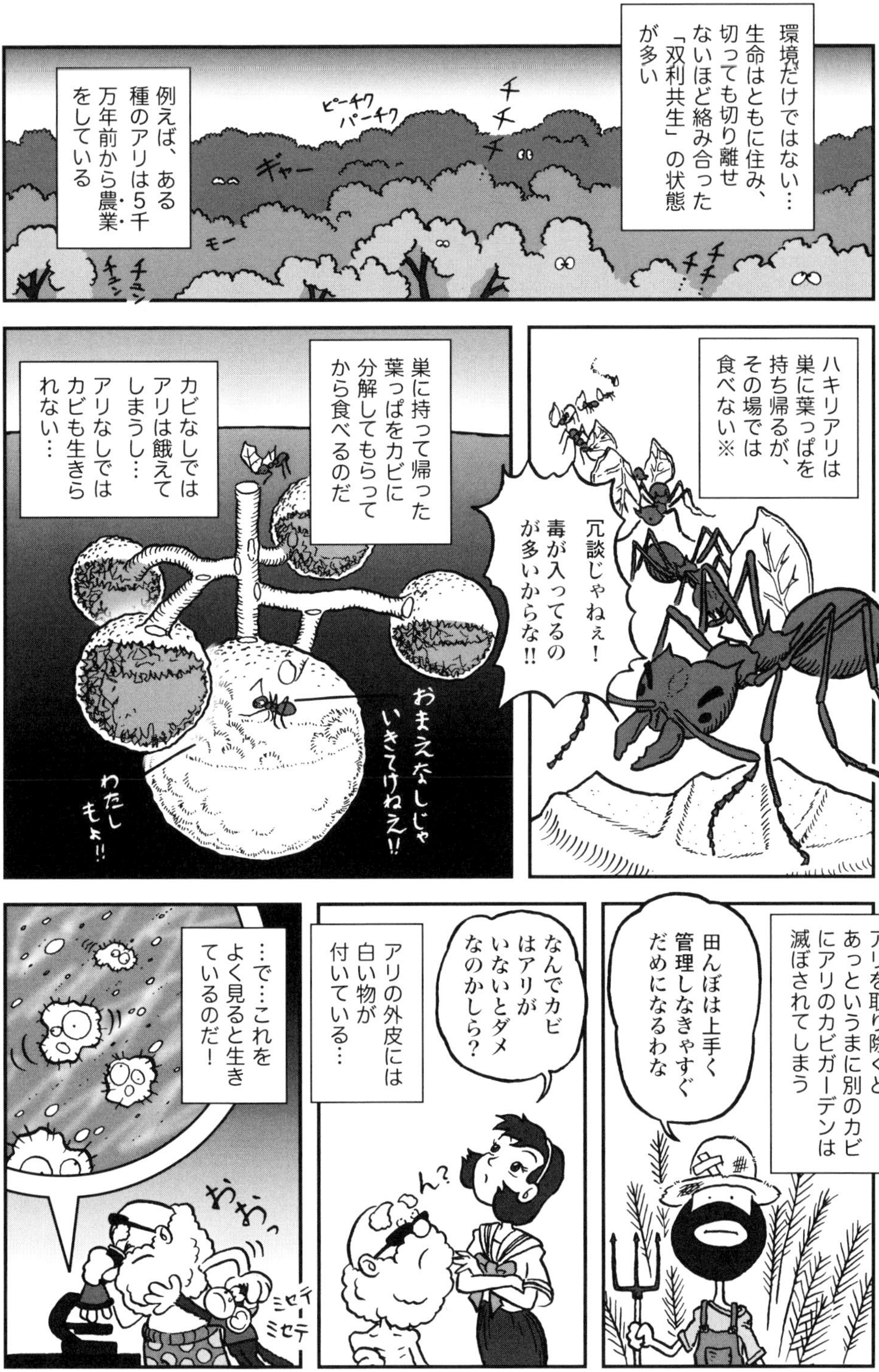
環境だけではない…生命はともに住み、切っても切り離せないほど絡み合った「双利共生」の状態が多い
チチチ
ピーチク パーチク
ギャー
モー
チュン チュン
チチ…
例えば、ある種のアリは5千万年前から農業をしている
ハキリアリは巣に葉っぱを持ち帰るが、その場では食べない※
冗談じゃねぇ！毒が入ってるのが多いからな!!
巣に持って帰った葉っぱをカビに分解してもらってから食べるのだ
カビなしではアリは餓えてしまうし…アリなしではカビも生きられない…
おまえなしじゃいきてけねえ!!
わたしもよ!!
アリを取り除くと、あっというまに別のカビにアリのカビガーデンは滅ぼされてしまう
田んぼは上手く管理しなきゃすぐだめになるわな
なんでカビはアリがいないとダメなのかしら？
アリの外皮には白い物が付いている…
ん？
…で…これをよく見ると生きているのだ！
おおっ
ミセテ ミセテ

※その量も馬鹿にできない。熱帯雨林の葉っぱの7分の1はアリに持っていかれると言われている。

このバクテリアが抗生物質を作って、他のカビが生えないようにしているのだ※
アリはバクテリアとも共生しているのね
コーフン
我々だって菌と共生しているのじゃ
様々な菌が胃腸の中に住み、我々の食べた物の消化を手伝ってくれたり悪い菌とも戦ってくれる
うようよっ
うようよ
ただのいそうろうじゃねぇぞ
サンゴは藻に安全な宿を与え、代わりに光合成で食べ物を作ってもらう
そのため、あるサンゴは光のあたるところに住かが制限される
双利共生…食う者と食われる者…無数の関係で生命はつながっているのじゃ

※抗生物質はバクテリアやカビを殺す薬である。ハキリアリが使うバクテリアは現代医学で使われている抗生物質の半分は作れる。人間よりはるか昔にアリが発見していたわけだ。バクテリアや抗生物質については第六章の「現在起きている進化の例」を参照。

生きていく ために 自分のまわり の環境を
つねに 把握して おかないと いけない
我々には、視覚（目）聴覚（耳）触覚（皮膚）嗅覚（鼻）味覚（舌）の五感がある
しかし 自然には ケタ違いに すごいものがある
イヌは人間の百万倍の嗅覚を持っている
においだけで誰だかわかってしまうほどなのじゃ
ポチ!!
もっとすごいのがサケでな、自分が生まれた所の味を覚えているのじゃ
川の水は場所によって微妙に違う…
まわりの植物や土によって、川に溶け込んでいる成分が異なっているのだ
生まれてからサケは故郷を離れ、川をくだり…
海に出て成熟するまで数年暮らす…
その間…故郷の味は一時も忘れてはいない
ううっ かえりたい…

広大な海から故郷の川を探し、流れをさかのぼり…まわりの水を味見しながら生まれた場所に戻る
うおっ!! このあじだ!!
とおっ
えいや
そこで親と同じように子孫を残す作業にかかる
あ…でた…
プルプルッ
イクラ
イルカやコウモリは音波を放って、跳ね返ってきた音を読んでまわりを見る
コウモリは暗闇の中でも正確に障害物をよけながら飛べるのじゃ!
ブリッ♥
うまいっ!!
ゾウは人間に聞こえない超低周波音を使って通信する
この超低周波音は地面の中を通って15キロも伝わり…ゾウは群れが遠くにいても動きを探知できる
ホホー
ズズン…ズン
あそーれ
ズンズンズン…

メスゾウは1年の内3日間しか妊娠できないので、何キロも遠くにいるオスゾウを呼べなくてはならない
あのころなのよ…
十月
ズーン…
ズーン…
ズーン…
ブヴォー…
む!!
乙女のお呼びだ!
なんと美しい音色…
このように生命は奇跡的なほどに環境によく順応して生き抜く術を備えておるのじゃ
うーん…すごいことはすごいけど…こんなのを聞くと、神様が設計したと思うけどね
いやいや…でもこれが種の起源の大事なヒントなのじゃ
ねえ…若かったときはおとなしかったのにダーウィン先生どうしたの？
ま…チーズやワインのように年とともに熟成された渋みがでてくるものじゃ
フォッ
フォッ
チーズッテクサイ…

特徴の選択と変種

もったいぶらないでよ！
とくいっ
もう
わしの大発見まだわからんじゃろう!?
じゃあ次のヒントは…
……
アンチョコ
アンチョコ
生物には「変種」がいることじゃ！
まじめな話…同じヒトでも見かけは多彩…
トマトだって色々な大きさに育つが…大きいものを選んで交配すれば、大きさを強調できる
に大きいのを結婚させる
比較的大きいものが育つ

人はこうやって食物を改良してきたのじゃ
やっぱりアンナは大きく育ったわね！
さすが俺の子だ…
種《たね》なしスイカも小さい種《たね》のスイカを選びながら栽培したの？
そうじゃ
実は、キャベツとカリフラワーも同じ植物の変種なのじゃ
エ？ マサカ…
モクセイ科アブラナ属の植物を人間が部分的に強調するよう栽培したんじゃよ
花を選んでカリフラワーに…
脇芽をメキャベツに…
そして葉をキャベツにと改良したのじゃ…
外見はみな違うけど、受粉させるとちゃんと種ができ、れっきとした植物に育つのじゃ
ところで九州の壇ノ浦に、ヒトの顔が背中に浮かび出ているカニがいる
8百年もの昔、源平の合戦で敗北した平家一門が海に身を投げ、その亡霊がカニに乗り移ったとされていた…

…しかし、付近の化石の調査から壇ノ浦の合戦以前にヘイケガニに似たカニがいたことがわかった
ならオバケではないのじゃな…
ホッ
実際の話、平家に仕えていた人達は壇ノ浦の海辺に住みつき、カニが好物で毎日とっていたのだが…
変な模様のカニだけを海に戻していた…
こーだなもんは けえすべぇ
おれだって かにだー
さべつだー
うったえて やるー
だせー
長い間この習慣が続き、模様が強調されながらヘイケガニは進化して…
見かけが怖いものに特化されてしまったのね
ホホー
犬の種類は特に多いが…ほとんどが人間によって改良されたものじゃ
1万5千年の間人間達と仲良く暮らしたあかしね
頼もしい セント・バーナード
ちなみに犬と狼は遺伝子的にはほとんど同じで、子供を作ることもできるため、厳密には違う種とはいえないのだ※
獲物のにおいを嗅ぎつける ブラッドハウンド
ビーンッ
獲物を指す ポインター
狩りの獲物をとってくる レトリーバー
とにかく我々の都合によって生物を改良し…進化させられることがポイントなのじゃ
可愛らしい パピヨン
足が速い グレーハウンド

※遺伝の話は第五章の「遺伝の方法」と第六章の「遺伝学が解き明かす新たな真実」を参照。

旧約聖書にも人間が家畜の飼育をしていたと書いてあり…
古代中国の百科事典や…
ローマの記録にも品種改良のルールがしっかりと記述してあるのじゃ
ふーん…最近わかったことじゃないのね…
ただ変種を分けるだけのことならこの点をわざわざ持ち出すまいポイントはたとえ小さな変化でも一方向に何代も積み重ねれば絶大な効果をもたらすということじゃ
そーなのじゃ
うんうん
なーるほどだんだんわかってきた気がするわ!
そうじゃろ? なら次行こう!

生存闘争と自然淘汰

それじゃ進化の秘密をあててみるわね！
人間が生物を進化させたというわけでしょ!?
うーん…
ちょっと違うね 人間がいない大昔 恐竜の進化はどう説明するのじゃ？
そうよね…
じゃあ最後のヒント！
自然界の生物は生き残るのに精一杯なことじゃ
私も受験戦争で生き残るのに大変なのよ…
いやいや そんなもんじゃない
ギッギッ
サケの場合、2千個の卵のうち、千匹生まれ…その中から150匹が稚魚になり
稚魚
大人まで無事育つのはわずか2匹
最後には1匹だけが故郷に戻り、子供を産む
大人
卵
シビアね！
そうじゃ…
最後まで生き残れるかは運が大事…しかし有利な点があればあるほど生き残る確率が高くなるのじゃ

飼育の場合人が特徴を選択して種が進化していくじゃろう?
オオカミ
イヌ
自然界では死ぬか生きるかの「適者生存」の選択が起きるのじゃ※
まだパッとこないわ…
よしっ! ここでまとめて解答を明かそう
生命はまるで神が創ったかのように環境によく順応しておるそうじゃな?
ところが化石を調べると種は変化している
問題はその変化のメカニズムよね…
家畜の特徴を選んで種を変えていけるのは昔からわかっている…
しかし家畜の改良をする人間はたかが1万年しか存在していない
それに比べ、生命の歴史は40億年… 人がいない自然ではどう特徴が選択されてきたのか?
10,000年
人間
人間がいない時間
4,000,000,000年
そこが肝心なのね

※マルサスの「人口の原理」が進化論到達の最後のヒントとなったのだ。

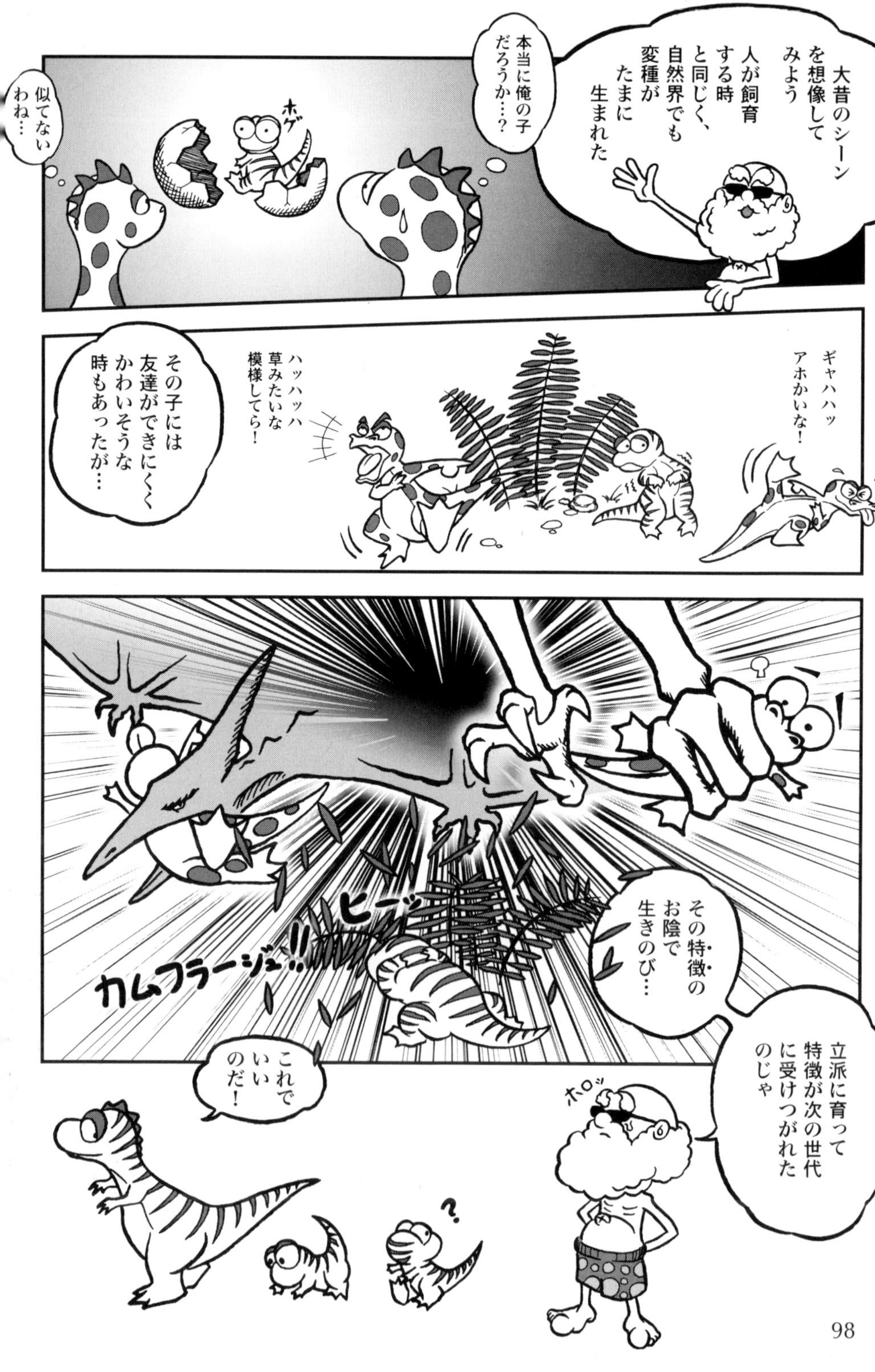
大昔のシーンを想像してみよう
人が飼育する時と同じく、自然界でも変種がたまに生まれた
本当に俺の子だろうか…？
ホゲ
似てないわね…
ギャハハハッ アホかいな！
ハッハッハ 草みたいな模様してら！
その子には友達ができにくくかわいそうな時もあったが…
その特徴のお陰で生きのび…
ヒーッ
カムフラージュ!!
立派に育って特徴が次の世代に受けつがれたのじゃ
ホロッ
これでいいのだ！

子孫を残す前に死んでしまう者は次の代に自分の特徴を遺伝できない
弱いタイプ
強いタイプ
第一世代
奥さんが見つからなかった
弱いので死んだ
第二世代
有利な特徴をもった変種が比較的多く子孫を残す
こうして世代ごとに特徴が変わっていき、元の種の者と子供ができなくなるくらい変わってしまったときに新しい種ができる
オーイオイ
大好きだけどカンガルーとゾウじゃ無理なんだ…
つまり厳しい自然界を生き延びた変種の特徴が遺伝し、そのような特徴が積み重なることで進化していくのである
これが「自然淘汰」による新しい種の起源！
わしの進化論じゃっ!!
なーるほど！
ポンッ
でも…まわりをみると生命の進化ってすごく遅い気がする…
そうじゃライエルが言うように…
想像もつかない長い時間があって初めて生物の進化が可能になる

病気
災害
気候
天敵
干ばつ
自然界の試練は無数で、子孫を残す術も問われる
子孫を残すため、「下手な鉄砲も数撃ちゃ当たる」ように何万個も産む者もいる
えっ？
ゴクーっ
逆にほ乳類は少なく産むが、子供を大事に育てる
多くの植物の花粉は風に運ばれ、受粉して種ができる
でも風だけじゃ頼りない
とどかないよー
そこで大昔…花から蜜が出る変種があらわれたそういう花には虫がいっぱい集まってきた
おい!!これ甘いぞ
コローリ
虫が花粉を確実に運んでくれるので蜜を作る植物は繁栄した
だれか俺の花粉をもってってくれー
デパートのバーゲンみたいね
草井デパート
大バーゲン!!
あたいが先よっ!!
新種：バーゲンハンターオクサマ

ある花はワナをしかけて、虫が乗ったとたん花粉を背中に乗せるように進化している
花も真剣ね！
サッカタム
花の色も葉っぱと区別がつくように違う色に進化したの？
そうじゃ太陽の紫外線が当たると虫をおびき寄せる絵が浮かび上がる花もいる※
おおっ
紫外線下
もちろん植物を食べる虫は昔からいた
でも植物は動けないからどうにもならないじゃない？
ところが植物も食われっぱなしではなく、毒をもった変種ができ、反撃が開始された
うっうぐぐっ
ある者は切られたところから樹液や天然ゴムを流し、虫を溺れさせるように進化し
またある者はにおいを放って虫に卵を植えつけるハチを呼び寄せた
もぐもぐ
むっ！このにおい!!
ブスッ
受粉してくれるハエを集めるためにプライドを捨てて、ウンコのにおいを放つ花までいる
ゲェホゲホ
よってくる虫がいることを良いことに、食べてしまうように進化したものもいるし…
パクッ
んっ？
ええにおいやん♡
名前どおりのハエトリグサ
ためた消化液を使い、土から得られない栄養を昆虫から摂る ウツボカズラ
1メートル以上に育つ、世界一大きい花 ラフレシア

※紫外線は人間には見えないが、虫の中には見える種がいる。

また、生物は敵と競争して進化する場合が多い
アメリカの北西には猛毒を持つイモリがいる皮膚にある毒は何十人もの人間を殺せるのじゃ
さわんないよーに
サメハダイモリ
ずっと弱い毒でも十分なのにそんな大げさな毒を持っているのは不思議ね…
?
このイモリには天敵の蛇がいてのう そいつはこの毒を食べても動きが遅くなるだけで平気なのじゃ
ウツロ…
ウツロ…
イモリは蛇に負けないため代々毒が強くなるように進化し… 蛇もそれに対抗できるように進化してどんどんエスカレートしていくのじゃ
ケッ
ドクレベル パワーアップ!!
20世紀にアメリカとソ連が必要以上に核ミサイルを増やしていったのとおなじような軍備競争なのだ
食料が乏しいときは同類の間でも競争になる
ハラヘッタナー
オイ ん?
げっきゅうはやすいし…
アンパン
おーこわ
俺が先に見つけたんだっ!
なにおっ!
でも一番怖いのは天敵…

ある蝶は天敵である鳥にとってまずくなるように進化した
オオカバマダラ
ハム
ゴクッ
うげっ!!
サメハダイモリみたいね
またあるガは外見だけがその蝶に似るよう進化した
けっまずそ！
食うんなら食ってみろい！
カバイロイチモンジ
ハチにそっくり見えるように進化したガもいるんじゃよ
羽が透明なスカシバガ
ゾウは大きいからあまり襲われないそのために大きく進化したのかものう
えさが大きけりゃおれだって大きくなってやる
恐竜が巨大化した理由のひとつかもね
こうでかくてはくえんな…
とにかく成功した変種が繁栄し…新しい種へと変わっていくのじゃ
なーるほどね
ところでわしの進化論を理解する上で気をつけてほしいことがある
「適応万能主義」という落とし穴じゃ生きのびてきた者の特徴は全て意味のあるものと考えがちじゃが、それは大間違いじゃ

?
イソップ物語にシカがいたじゃろう？
しかとつの
俺の細い足は気に入らんが、この角がありゃぁ子孫は問題なくのこせるな…
立派な角ねえ
ところがある日狩人に追われ、細いながら速い足のお陰で逃げのびかけたが…
こら まてぇー
ハッハッヘーッ
自慢の角が木に引っかかり…
ズキュゥ
ビッ
チャ！
狙撃《ころ》された…
大事なポイントは自分のどの特徴がいつ、どうやって役に立つか、害になるか、わからないことじゃ
ジー
ダーウィンさんの鼻もいつか役に立つかもね
そういうことじゃ！
フンッ

人間もこうやって進化してきたわけね？
アフリカ
そうじゃ…人間は何百万年もアフリカで進化し、そこから世界に広がって繁栄した
人間の特徴に親指があるこれのおかげで器用なことができるようになったんじゃ
化石から推定すると、人の祖先は400万年前に木からおり…
キョロ
キョロ
250万年前に石で道具を作り
肉をもっと食べるようになり…
脳が大幅に大きくなっていった※
人間で一番特別なのは脳なのかも
※ネアンデルタール人のように脳が大きく、人間に似た種は他にもいたが、みな絶滅した。
他の動物とは違い、昔から人間は死人を葬るとき墓を作って装飾品や大事な物を一緒に埋めた
美術などの芸術も自然界では類を見ない特徴である
生き残るのに芸術は必要ないと思うけど…
そういうことを可能にした脳が他の面で力を発揮しているんじゃろうな

人間は知識を後世に伝承し…
槍
槍投げ棒
弓矢
ヤリハコーックル
カキン
カチン
遠く離れた同類に知識や情報を伝え…
さらに発展し、複雑な社会も可能にした
平安京
進化は遅いから我らと6万年前の祖先とはほとんど同じじゃ
…てなわけでそのころの人間の赤ん坊を現代につれてきても我らと全く同じく育つじゃろうな
私たちの文明が6万年前の祖先より進んでいる理由は知識の違いなのね
ダーウィン先生の解答だいたいわかったわ…でもなんで今でも進化論を否定する人がいっぱいいるのかしら?
宗教の一部からはとくに嫌われてるな

人は不思議なことには神という理屈をつけがちじゃ
ハハーッ
聖書は地質学の結果と矛盾し…
?
カミッテホントカー?
シンジテクレー
さらにわしの説が現れ…人々は聖書をどう解釈して良いのか迷うのじゃろう…
進化論は・・・神の存在を否定しているわけではないのじゃがのう…
なるほどね…
現在のアメリカ合衆国でも宗教団体の圧力で、天地創造説を同等の説として学校で教えようとしているところがある※
Shinkaron Hantai!!
ダーウィンバンザイ

※1930年においてアメリカの高校の3割しか進化論を教えていなく、60年代になるまで教科書でまともに取り上げられなかった。

人は自分をただの動物と思いたくないのじゃろうな…
進化論から見ると人間も動物の進化したものにすぎない
オイラトモーオナジー
特別じゃなくなると、死後の行く場所がなくなる不安も増えるのかもしれないし…
わしは若い頃「神の思し召し」を理解しようとした…
でも自然を観察すればするほど「生命は自然淘汰によって進化した」というのが一番自然な説明だと確信したのじゃ!!
オエッ

ガラパゴスの生命と適者生存

もう一度ガラパゴスの生物を観察してみよう
ここにはサボテンが多いのじゃ 南米のほうから波や鳥によって種が運ばれて来たのじゃろう
ある島には背の高いサボテンがいて
他の島には地面をはうようなサボテンがいる
でもよ〜く見ると、二つとも背丈以外は同じウチワサボテンなのじゃな どうして島ごとにタイプが違うのだろうか?
ミステリーね…
背の高いサボテンはその重さでたまに垂れ下がってしまう
するとゾウガメがやって来るのじゃ…
キョロ
キョロッ
むっ!!

そして葉を食べるではないか
うめえんだよこれが…
地面をはうタイプだったらゾウガメに食いつくされてしまったじゃろうな
まあ
あれっ？もうないの？
もぐもぐ…
実際、ゾウガメがいる島に限ってウチワサボテンは全て高い樹状なのじゃ
あーおこしてー
きっと昔、大陸から渡ってきたウチワサボテンは地をはうタイプだったのじゃ
どんぶらこ
どんぶらこ
それが食われっぱなしで、少しでも背の高いものが多く生き残ったというわけじゃ
ゲプッ
シーハ
シーハ
このゾウガメにもまた面白い話がある…乾燥した低地ではエサとなる植物が少ないので…
エサ…
…エサ

より多くのエサにありつけるように進化したのがこの鞍《くら》のようなこうらのゾウガメじゃ
長い首と足を持つこのタイプは首を上へ伸ばせるようなこうらになっている
の〜び〜のび
キリンのようね
せり上がった前と後ろ
長い首
長い前足
鞍型ゾウガメ
逆にエサが豊富な高地ではかえってドーム型のこうらのほうが植物に絡まないので便利なのじゃ
丸いこうら
短い首
短足
ドーム型ゾウガメ
ガサッ
ゴソッ
エッサ
エッサ
さらに行動パターンも進化するんじゃよ…
例えばガラパゴスアメリカグンカンドリじゃ
こいつはおっかなくて他の鳥を脅してエサを横取りするのじゃが…
オラーッ
ひーっ!!

そこで、おとなしいアカメカモメとしては珍しく夜にエサを探す夜行性動物に進化したのじゃ
コラー
おど おど…
アカメカモメ
目の周りが赤い
暗闇でも見えるように目は大きく発達し…
光を発するイカや蛍光プランクトンを目印にエサを求めるようになったのじゃ生命は常に自分が生きていく時間と空間の隙間を探しているのじゃよ
蛍光しているプランクトンや生物
別の世界でエサを探すように進化した者もいる…ガラパゴスウミイグアナがいい例じゃ
またおまえか？
ウミイグアナは海藻を主食にしているので、食べ物には困らないんじゃ
今ではイグアナの中で一番繁栄している海に住まいを求める進化は正解だったのじゃよ

ビーグル号の乗組員がいじめていたイグアナね
あの時わかったのじゃが、肺活量がリクイグアナよりはるかに多い
おそらく大昔、リクイグアナのエサが減り、海に潜ってエサをとる者が現れたのじゃろう
エサー
エサー
おいエサがいっぱいあるぞ!
ハラヘッター
そうして海に順応するように進化していったのじゃ
泳ぐのに適した尾…岩にこびりつく物を食べるために口も平たく進化し…
ウミイグアナ
泳ぎに適した足と尾
平たい鼻
すぐれた肺活量
リクイグアナ
しまいにリクイグアナとは別の種になったのじゃろうな
地上から海へ転身したのはウミイグアナだけではない
ボリボリ
パタパタ
ここのウは羽根が役に立たないくらい小さい
ガラパゴスコバネウ
しかし水をかくための頑丈な足がある

これが世界で唯一飛べないウ、ガラパゴスコバネウじゃ
海面下20メートルでアナゴやタコをとるんじゃ!
昔は飛べたのじゃろうが、今では海の生活に順応して泳ぐことに命を懸けているのじゃ
大昔のご先祖様
飛べるウ
数万世代後
今の飛べる様々なウ
飛べないけれど泳ぎが上手なウ
ガラパゴスで一番有名なのはダーウィンフィンチじゃな
ダーウィン…わしは有名じゃのう
だれと話しているんだろう?
サー?
南アメリカ
昔、数羽のフィンチが島にたどり着き、敵がいないのでどんどん増えていったのじゃろう
おおっりくだ!!
ガラパゴス諸島
多くなったフィンチは色々な物を食べるようになり…
くちばしの頑丈な者はくちばしの弱い者が残す堅い実などを食べた
ガリガリッ
コン
コロリン
それ食べないんなら僕にちょうだい

そうして生活の習慣の似た者が互いに交配していき…新しい種ができたのじゃ
今では13種類ものフィンチがいるのじゃ
花の蜜を吸う
コガラパゴスフィンチ
木の実が好きな
ハシブトダーウィンフィンチ
あたしはああいう口がいいわ
突っついて血を吸う
ハシボソガラパゴスフィンチ
キャピ キャピ
大きい方がたくましいわよ
木に穴を開け、道具を使って虫を探す
キツツキフィンチ
種が進化して枝分かれしていくいい例じゃな
サボテンを食べる
サボテンフィンチ
サッカーボールほどの大きさもある
オオガラパゴスフィンチ
さらに時間が経てば…それぞれの種の容姿や行動パターンがどんどん細分化されることじゃろうな
面白いじゃろ？
ビーグル号さまさまね！
そうじゃな!! ガラパゴス諸島は天然の実験室じゃった
そこで自然はもっとも興味深い実験を行っていたのじゃよ！
フッ フッ フ

オスとメス

おおっ!!
キャピ
キャピ
ええのぉっ
ちょっとお!!
エマさんに
いうわよ！
ポッ
そうじゃ
オスとメスの
違いについて
話そうかの
知ってるわよ
そんなの！
いやいや
まじめじゃ!!
同じ種でもオスと
メスは見た目が
違うじゃろ？
ガラパゴス
グンカンドリの
メスは地味だが
オスは真っ
赤なのど袋が
あり、求愛の
時に膨らます
のじゃ
マア…
ププ…プ…
かっこいいだろ？
ガラパゴス
ウミイグアナ
はオスもメス
もゴジラの
ように黒い
でも繁殖期
になると
オスだけが
カラフルに
なって
腕立て伏せを
するのじゃ
オレガイチバン
ツヨイ!!

わしだって若い頃はよく色が変わったりしたもんじゃのう
赤
青
サーッ
キンケーッ
うんうん
ちょっと違う気がする…
でも自然淘汰は性別には関係ないはずでしょ?
?
なかなか鋭い！同じ種の生物は競争相手が共通だし、環境も同じなので姿形も同じになるはずじゃよな
そろってしろいですよ
でも自然界ではオスとメスの外見はたいてい違う！
マア ステキ
ぜんぜんちがうじゃないか オラー!!
大昔の哲学者はクジャクの・・・飾り付けは人間に畏敬の念を起こさせるため神が備えたといった…
すばらしいだろう
はい すばらしいです
しかーし！これもわしの進化論で説明がつくっ！※
ふんふんっ
昔から自然界ではメスがオスを選ぶ場合が多いのじゃよ…
あんたいやーよ!!
アベッ
お…おおげさな
男はつらいよ…な

※ダーウィンは初めて進化において性が重大であることを発見した。

セミは17年の生涯のほとんどを地面の中で過ごし、土からはい出て…
うまい うまい
木の根っこを食べる
残りの2週間で大人になり…
ちょっとふとったかな
ぬけがら
オスのセミは鳴いてメスを呼び…
カム・ツー・ミー
ベイビー
相手を求め、子供を作って死ぬ
カマキリのオスなんてメスと交尾した後に食われる運命じゃ
あんた
ようずみ
これでしねばほんもう…
ピクッ
ピク
なんでそんなに性って大事なのかしら？生き残ることが一番大事なんじゃないの？
子供を作ることはもしかしたら生き残ることより大事かものう
子供なしに死ねば、その世代でおしまいじゃからな
ピク
ピク
お…おれもひっし…
頑張ればなんとかなる!!
ゴスッ
性は変種を作るのに有効な手段なのじゃ
無性生殖のように子供が親と全く同じだと、変わる環境に対応できなくなってしまうじゃろう※
有性生殖
変種が多い
無性生殖
そっくりな者が多い
実際ほとんどの種は有性生殖によって子供ができるのじゃ

※バクテリアなど無性生殖の生物もわずかだが遺伝子の突然変異によって変種が生まれる。

相手の興味をいかにうまく引くかで、子孫を残せるかどうかが決まる
ということは…クジャクのメスが綺麗で大きな尾を好めば…
ガーッ
ハッハッ
…尾が小さいクジャクはしだいに少なくなるのじゃ
このように選択が長く続けば好まれるオスの特徴が強調され、オスとメスの外見などがどんどん変わってしまうのじゃ
あるハチドリの場合メスの選択が余りにもすごいため、オスの外見どころか別の種に分かれてしまったんじゃ
Lophornis ornata
Ocreatus underwoodii
Topaza pella
Sappho sparganura
Popelairia popelarii
Stephanoxis lalandi
そもそも自分とそっくりな人とデートしたくないわよ!!
やはり自然は良くできているのう…
うぷっ

本能

本能って知ってるかい？
なんとなく
本能とは…
……
クッソー
としとる
これだ
ブツブツ
生まれつき身に付いている習慣で実に不思議なものじゃ
……？

例えばカッコウじゃ他の巣に自分の卵を産み落として…
ほほほっ留守だわ
ホーホッホ
子育ては他の鳥に押しつける
バーサラッ
あれっ？ママは？
カッコウの子はバカ力で、他のひなを巣から落とし
母鳥が持ってくる食べ物を独り占めする※
あれ…うちは3匹じゃなかったっけ？

※場所によって本能も違うのだが、オーストラリアにはこの様なカッコウが3種もいる。

誰がそんな自分勝手なことを教えたのかしら？
親を見たこともないのに教わったはずはないじゃろ？
そうよね…
本能は利己的な行為ばかりではない
ミツバチの集団を見てみよう女王バチ、オス、中性の働きバチがいて、仕事の分配がしっかりと決まっている
オス
女王
中性
女王の役割は卵を産むことにある
ぶりぶりっ
わ〜　ミがでてしもた…
オスは一切働かず、春の交尾シーズンになるまで毎日ぶらぶらしている…
ことしはジャイアンツだな…
なにいっとんねんタイガースや!!
…が、春になるとオスは互いに殺し合い…
バキィッ
勝者だけが女王と交尾し…本望を果たしたところで死ぬ
…これでほんもう…
命がけね
たとえ交尾合戦を生きのびたとしても…
おらあしにたくねえ…
え？
ゾロ゛ゾロ…
食料を消費するオスは用無しなので外に追い出され、餓え死ぬ
ポイッ
カップメンのつくりかたもしらないのに〜

逆に働きバチはまじめだ
セッセ
セッセ
蜜を集めたり…
子供や巣の面倒をみたり…
おーよしよし
アーン
女王バチにエサを与えたり…
…そして巣を危険から守る
アムロイキマーッス!!
メスの特殊化した中性バチは産卵能力はないが産卵器官が毒器官に変化しており、産卵管が毒針となっている
呼吸筋
小腸
外骨格
直腸
蜜袋
胃
毒針
毒袋
神経節
刺したときには返しが引っかかって、内臓ごと体から引きちぎられ…死ぬ
とにかくこれらの役割はみな本能によって生まれつき知っているのじゃ
ズキ
ズキ
科学教育も楽じゃないわい
人間の働きぶりより頼もしいわね!
そう、それも教育なしの本能だけじゃ
でも中性のハチは子供を産まないから特徴は受けつがれなさそう…どうやってそんな本能が進化したのかしら?
身をもって巣を守る行為は自分自身には一文の得にもならないようじゃが…女王バチが生き残る可能性が高くなる
女王バチさえいれば、同じような中性のハチを産む女王バチがいずれは生まれ…新しい巣で特徴が継承されるわけじゃ
女王
働き蜂に子供は出来ない
次代女王
特徴が継承された働き蜂

数十、いや数百の犠牲があっても巣さえ守れればいいのじゃ
このような本能はハチの巣全体の利益になるため、自然淘汰によって強調されていったのじゃろう
自然淘汰は集団単位でも働くわけじゃな
超生命体なのね
アリの世界には他のアリを奴隷にしてしまうものがいる
これがまた変な奴らで一切働かない…
グォーッ
マスターはまたおねむりじゃ
しずかに
奴隷がいなければ1年で絶滅じゃ
あ…ケーキはもっとあまいほうがいいんだ
はっ! だんなさま
奴隷 クロヤマアリ
主人 ヤマアリ
巣が古びて移住する時は新しい住まいを奴隷が探し…引っ越す時も自分では歩かない
今度の場所はエアコン付きだってさ
サウナもあればいいわね
だらし無いというか、みっともないわね
学者のピエール・ユベールはためしに奴隷を除いてヤマアリだけを飼ってみたのじゃ
フランスの博物学者 ピエール・ユベール

好物のエサを与えても、食べさせてくれる奴隷がいないので飢え死んでいく……
ハラ ベッタゼー
クウノ メンドクセー
ほとんど死に絶えたところで1匹の奴隷を入れてみた
マスターッ!!
すると奴隷は生存者にエサを運び、部屋を作り直して巣を元通りにするではないか!
わ、ビール!!
…たく くそあつい のに…
ゴー
どうやって奴隷使いの本能が身についたのかしら?
アリが他のアリのさなぎを食物とすることは知られている
集めたさなぎから忠実に働いてくれるアリがかえるのなら支配者アリの「さなぎ集め」の特徴が有利になり、その本能が自然淘汰で強調されたのかものう
そいつはよくはたらくからくうたよ
セッセ セッセ
ウミガメの話も面白い!
ウミガメのメスは浜辺に戻り、砂の中に卵を産む
あーしんど
子ガメは夜中に生まれてくるが、待ちかまえている他の動物に食べられてしまうので海まで逃げ切れるのは3分の1
海に逃げてもワニやサメに食われ、大人まで育つのはわずか百分の1
ん?
あせっ あせっ
ところがコスタリカのウミガメは不思議な本能が備わっている
まずウミガメの親は子供が同時に生まれるようタイミングを合わせて卵を産む
エイ エイ オーーッ
じかん シンクロッ

そして9ケ月後…ある夜に生まれ
プルーッ
海めがけて駆けるっ！
あたっ
ふたっ
それも何万と一斉にじゃ！天敵もあまりの多さに圧倒される
海に向かって走ることも、一斉に卵を産むこともみな本能じゃ
これいじょうくえんわ
ゲエプ
あれっ…？なんでみんなあっちいくの？
ゴールイン!!
方向音痴なカメは食われたのじゃろう
逆にガラパゴスの生物は天敵がいなかったために逃げる本能はないのじゃ
牧羊犬は攻撃的な本能を改良によってなくされている
本能を忘れてしまうことってあるの？
忘れると言うより、役に立たない本能は生存率に影響ないのでなくなっていく傾向がある
人間のしっぽがなくなったようにじゃ
とにかく本能こそ生き抜くのに不可欠！何よりも厳しく自然淘汰によって選び抜かれてきた能力ではないのじゃろうか？※
めし…
おじさんあーそぼっ
うーん…残念じゃがあの子は素質ないのう…

※ダーウィンの時代までは、人間や動物の思考や感情は説明しきれないあいまいなものとされていた。本能を科学的に説明しようとしたダーウィンは知らずに新しい分野を開拓し、人間心理学の創始者フロイトにまで深く影響を与えた（特に性に関係した本能の考え）。

地理によるバリアーと生物の移住

自由な移動を妨げる地理的な障壁《バリアー》も新しい種を作る大事な要素なのじゃ
遠く離れてしまった種は別々に進化し、いずれは別の種になる
地理の影響って凄いのね
地理そのものも時間とともに変わるのじゃよ
巨大な氷河は地面を切り裂き地表を大きく変えてしまう
またおまえか
まあいい…せつめいたのむ
180万年前から現代までに続く氷河期には海の水位が百メートルほど下がった時期があり
—アメリカとアジア大陸が陸続きになっていた…
ユーラシア大陸
北アメリカ大陸

マンモスやバイソンがアメリカに渡りアジア人種も移住して北米のアメリカンインディアンや南米のインディオとなった…
こっちにはマクドナルドってもんがあるぞ!
アジア
…しかしもっとすごいことが最近わかった
地球の表面の地殻《プレート》はマグマの上に浮いていて…
わしが思ったようにパイの皮みたいなのじゃな
地殻は1年に数センチの割合で動いているのだ※
マグマ
2・5億年前の大陸はつながっていた
6500万年前の白亜紀、大西洋は今の半分しか幅がなく、ヒマラヤは存在しなかった
現在
2.5億年前
なーるほど確かに形が合うわね
そうだったのか!ミステリーがひとつ解けたぞ!
フッカーは世界中にヤマモカシ科の植物があるといってた…
じゃがどうやって世界の隅々まで広がったのかわからなかった
昔つながっていた大陸に分布していて後で離れたのね!!

※これは「大陸移動説《プレートテクトニクス》」と呼ばれている。

山もプレートが動き、ぶつかり合ってできる
おわっ
パナマ地峡も300万年前にそうやってできて、海が二つに分けられた
それまで自由に行き来できた生物はそれ以後別れて進化していったのだ
もっこりっ
たっしゃでなー
ダーウィンが南米で経験した地震も「大陸移動説」と同じ力から生ずるといったらびっくりするだろう※1
うん、びっくりした
地震はプレートが摩擦で動けなくなってゆがみ、その力を解き放した時に起きる
ギューッ
ん?
ビーンッ
おわっ
なるほどじゃ
むかし見た山上の貝殻も同じ原理じゃろうな
若いわしはえらかった…
おおっ
うんうん
ガラパゴス諸島は最近できたものじゃが、お陰でわしは生命が移住してから間もない進化の初段階を見れたのじゃ※2
運が良かったのね
日頃の行いじゃっ!
ふふんっ

※1 地球の火山活動の9割はプレートの境界で起きる。日本は四つのプレートがぶつかり合う場所にあるために地震が多い。

※2 岩石を調べると、ガラパゴスの一番古い島は325万年前にできたことがわかる。地球や進化の歴史からすればごく最近の出来事である。

噴火によってできた当時のガラパゴスにはもちろん生命はいない
ホクホク
ジューッ
じゃあ…どこから来たの？
初めの移住者は波に運ばれた植物のタネかもな
でもガラパゴスは大陸から千キロも離れているんでしょう？
そうじゃ…トカゲやカメは流木にしがみついて流れ着き…鳥やコウモリや昆虫は飛んで迷い込んできたと考えられるの
フーッ ながたびはつかれる…
なかなかいいとこじゃないか
ガラパゴスに住みついたものは故郷の親類とは別の進化の道を歩み、
ここにしか存在しない種ができたのじゃ
なるほどね
注目すべきポイントはは虫類はほ乳類と比べ移住するのに適しているということじゃ
は虫類は新陳代謝を遅くして、ジーッと待つことができる
ある種のワニは食わずに2年間もじっとしていられるし…
もうすこしちかよってみろ…
ツン
よくあきないな…おい
ガラパゴスのゾウガメは飲まず食わずで6ヶ月も辛抱できる

海賊は昔からゾウガメを長持ちする食料としたくらいじゃ
かわいそ…
ゲヒャヒャ
ほ乳類は逆にエネルギーの消費が激しく
ハイパワー
ローパワー
あっという間に死んでしまう
漂流に耐えられる体ではないからガラパゴスにはほ乳類はいないのじゃ
おいしょっ
牛の代わりにゾウガメやイグアナが草を食べては虫類天国にしているのね
ファーッ
ドドやモアも大昔に大陸から飛んで来て、たどり着いた島に競争相手がいないためのんきに暮し、飛べなくなったのじゃろう※
しっかしせがたかいのう…
4メートルもあり、世界最大の鳥といわれたモア
ドジで生存能力が低かったドド
地理の困難を克服できる者は種にとって新しい可能性を切り開く勇者なのじゃ

※ドドはモーリシャス島、モアはニュージーランドにそれぞれいた飛べない鳥である。両方とも人間が島に上陸した後に狩られ、絶滅してしまう。

進化に方向性はない

大昔の世界はたった一つの細胞でできた微生物ばかりじゃったが
時は経ち…多細胞のものが現れ、やがて我々のような複雑な生物が現れた…
歴史を見るとまるで生命の進化はどこかに向かっているようじゃろう？
当たり前でしょ？
ところがそうではない…※
だーいじなポイントなので進化の方向性について話そう
例えばじゃトビムシは羽根のない生物である
トンボには羽根がある
トビムシのようなものから進化したのじゃろうな
トンボは後ろと前の羽根がよく似ているが、カブトムシは前羽根が堅くなり体と羽根を保護するように進化している
やっぱり方向があるんじゃない
まあ待て…
大西洋のマデイラ諸島には飛べないカブトムシの種がいるのだが、よく見るとちゃんと飛べる種から進化したように羽根の痕跡がある
イテテッ

※確かに人間のように複雑な生命に進化するのには時間がかかる。だからといってそれが必然的な方向だとは限らない。環境に適していれば種として繁栄するし、適していなければ絶滅するまでなのだ。

マデイラは風が強いので、虫がいったん飛び立つと海に飛ばされてしまうのじゃ
ジュリエット〜〜ッ
ロミオ〜〜ッ
わたしとべないのよ〜〜!!
飛べない変種だけが生き残り、羽根の痕跡が残ったのじゃ
本来有益な特徴が害になったりして、環境によっては特徴は消えてしまうことすらある
進化は一直線に進むとは限らない…というわけじゃ
道筋がメチャクチャなのね
そう…古代ギリシャ人がいう・・・進化の頂点はロマンあふれる考えじゃが、自然にそのようなものはないようじゃ
進化に頂点があるなら単細胞生物はすでに滅びていてもいいはず…昔からほとんど変わっていない「生きた化石」はいっぱいいる
おおっ、久しぶりじゃないか…おまえも昔から全然変わっとらんなぁ
そうか…
ひいひいひいひいひい…ひいひい…えーとひいじいちゃんとよく似とるじゃろう?
もう何年になるのか覚えとらん
親戚の恐竜は絶滅したが…わしは何故か生き残れたのじゃ
フガフガ
4億年前と変わらない シーラカンス
3.5億年も昔からいる ゴキブリ
2.5億年の歴史を持つ カブトガニ
2億年のベテラン ワニ

これらのことからわかるように
進化に一定の方向性があるとは言えない
進化の方向は周りの環境との戦いによるので
前もってわかるもんじゃない
なるほどね
話が変わるがほ乳類にもイルカやクジラのように魚の形に進化した種がいる
あれっ？同じ形に進化したんじゃ方向性があるんでしょ！
いや…似た環境にいれば、別の種でも似た進化の解答が出る時がある
なめらかな体にひれが付いた形が能率良く泳ぐのに適しているのじゃろうな※
でも…進化が様々な方向に進める証拠にイカやクラゲは魚の形をしていないしウナギやカメも泳ぎ方がまったく違う
クネッ
クネッ
じゃあ、方向性はやっぱりないのね？
クジラは陸上のほ乳類から進化し、その前は虫類で、もっと昔は魚じゃった…
陸に上がったり、水に戻ったりで方向性なんてないじゃろう？

※違う系統に属する生物に似たような性質が独自に生じる現象を「収束進化」という。

※過去現在を問わず、地球上の生命では節足動物が特に成功し、この分類に属する昆虫は世界の種の半分以上を占めている。

は虫類は陸で生きる者や
飛べるようになった者もいるし
泳ぐように進化した者もいる…
ジュラ紀後期の翼竜
ランフォリンクス
白亜紀後期の
ディノニクス
ジュラ紀の魚竜
イクチオサウルス
飛べなくなって陸の上を駆ける鳥や
アフリカの
ダチョウ
オーストラリアの
エミュー
ニュージーラント
キーウィー
泳げるようになった鳥もいる…
ほ乳類のコウモリだって飛べるし、魚のトビウオも少しだけなら飛べる
さかながとんでら…
節足動物にも地面をはう者
飛ぶ者…
…泳ぐ者など様々な種がいる※
クワッ
種の変化とはあっちこっちに行くもんで、具体的なプランはないのじゃ
なるほどね

種の絶滅

この層には恐竜の化石がいっぱいあるが…
ここでは一切なくなって、「待ってました」とばかりにほ乳類が多くなる…
死者に対して無礼な…
何か大変なことが起きて恐竜は絶滅したのじゃな このようにほとんどの種を絶滅してしまう程の出来事がここ5億年に5回くらいあったのじゃよ
こう化石を調べると、いつ、どの種が消えてしまったかがわかる また天変地異などがなくても、絶滅してしまった種はたくさんある※
不思議…

※化石の記録によると、種は平均100万年で絶滅している。地球に現れた種すべてのうち、1%しか今は存在しない。

かわいそうね
生き抜く種や、新しくできる種がいれば、去るものもいる
生と死は親密な関係にあるのじゃな
絶滅した種
自然淘汰はゆっくりと働く力だが
自然は種に無期限の時間を与えている訳ではないのじゃ
あーたたたたた
おあたあ!!
おまえはすでに死んでいる…
…のじゃ
あたりめーだろ…
生命の暁から今日まで生き続けてきた種もいれば…40億年前に滅び去った種もいる
ようは生存上不利になり、全ての個体が死に絶えた時に種は「絶滅」する
生存闘争における進化は環境とのレースなのじゃよ
絶滅
でもどうしてあんなに強い恐竜やマンモスが絶滅しちゃったのかしら?
力だけが人生じゃない…
体が大きければ食べ物も多く必要になる
ショーエネじだいだよ
バーカ

実際百キロの肉食動物の食生活を支えるには千キロの草食動物が必要とされていて…
それにはまた1万キロの植物が必要となるんじゃ
じゃあ…食べ物が無くなって恐竜は滅びたの？
というか…6500万年前にエベレスト山の大きさの隕石が地球に落ち、環境の変化について行けなくて絶滅したと言われている※
そうか…
大昔は恐竜が世界を支配し
その滅亡寸前までは小さい体の我々の先祖はコソコソと隠れ、夜にエサを探していた
ところが恐竜が絶滅したため、生き残ったほ乳類が進化し…
一番大きい動物はほ乳類になってしまったくらいじゃ
うっ、話がそれたわい…とにかく全体から見れば絶滅は良いとも悪いとも言えない
限りある資源の中で起こる進化の必然的な要素なのじゃ
何とか絶滅って避けられないのかしら？
そうじゃな…
種の絶滅に対抗するためには変種がいないとだめじゃ
多様性が種の健康に大事なのじゃな
色々な種類があるからこそ、環境が変わっても別の場所に移住したり、別の物を食べたりして対応できる者がいる…
そうやって種は完全に死に絶えないですむ
こういう変種もいれば核戦争後の日本も安心…か…

※メキシコのユカタン半島に落ち、今でいう「核の冬」が地球を襲ったとされている。

20世紀前半…ドイツのナチス党はわしの説をひん曲げ…
ヤーダスイストグート
自分たちが優れた民族と決め…他の民族を世界から抹殺しようとした…
そんなアイデアを極端に追求し、人間をひとつのデザインにまとめてクローン(生物を複製)したとしよう…
イーッヒッヒ…
そこで環境が変わり、その人間が対抗できない病気が現れたら…
みな死んでしまい、一世代で絶滅してしまうじゃろうな
ううっ死ぬ…
う…うぐぐっ…
ハ…ハイル…
変種がいるからこそ、生き抜ける可能性を持つ者もいる
いつ、何がどう役に立つかは分かったものではない…人間が決められると思うのは愚かなことなのじゃ!
変種が多く現れるということ自体、自然淘汰により選ばれてきた地球の生命の大事な特徴なのであーる!※
いろんな商品を作る会社みたいなものね
ダーウィンさんのような人でも相手にしてくれる物好きなエマ《へんしゅ》さんがいて助かるわけね
余計なお世話じゃ!

※同章の「オスとメス」での説明を思い出してほしい。性による子作りの方がより多く変種ができるので「性」というデザイン自体、その利点ゆえに進化したのかもしれない。

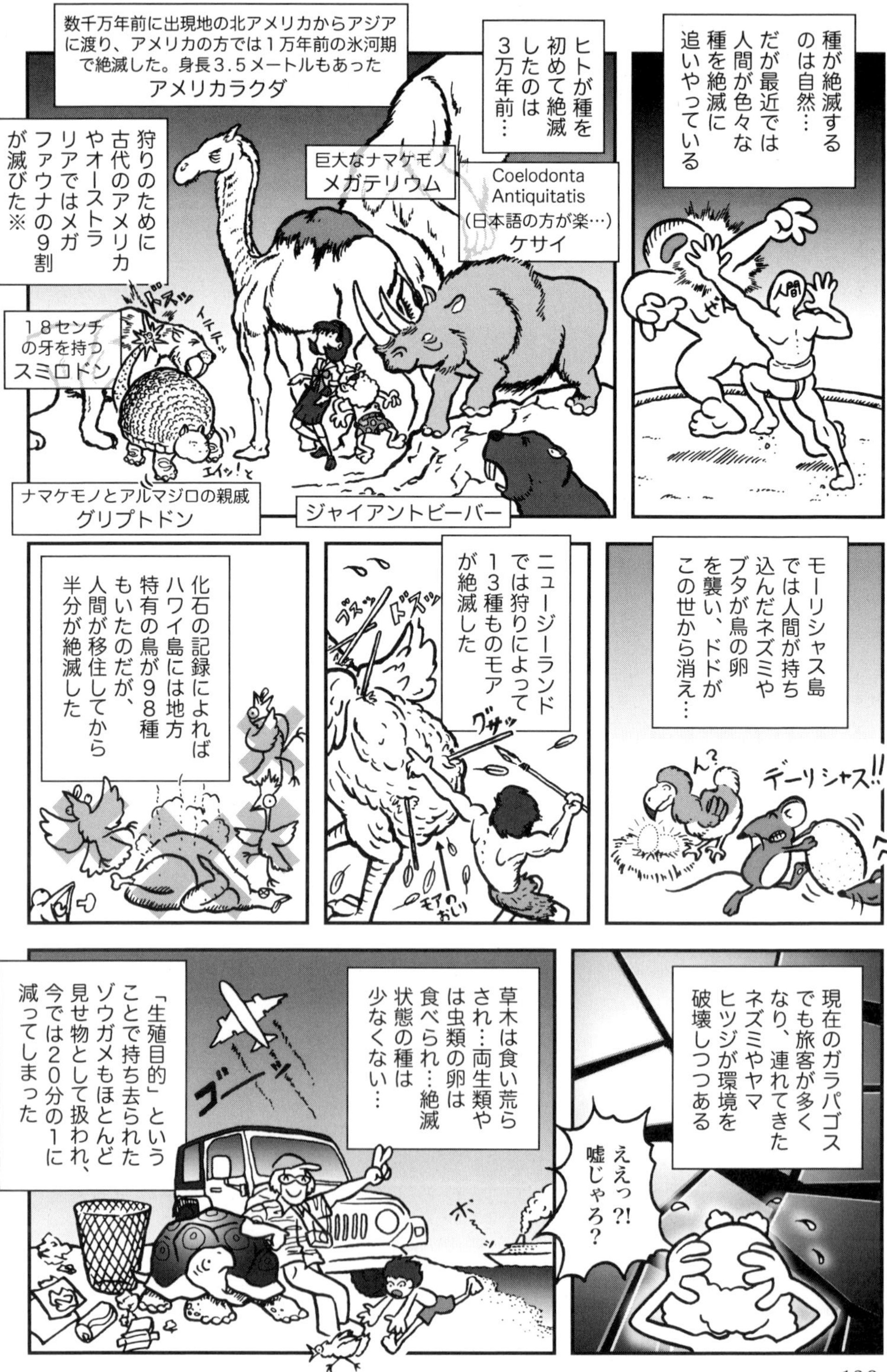
種が絶滅するのは自然…
だが最近では人間が色々な種を絶滅に追いやっている
しぜん
人間
ヒトが種を初めて絶滅したのは3万年前…
数千万年前に出現地の北アメリカからアジアに渡り、アメリカの方では1万年前の氷河期で絶滅した。身長3.5メートルもあった
アメリカラクダ
巨大なナマケモノ
メガテリウム
Coelodonta
Antiquitatis
(日本語の方が楽…)
ケサイ
狩りのために古代のアメリカやオーストラリアではメガファウナの9割が滅びた※
ドスッ
イテテッ
18センチの牙を持つ
スミロドン
エイッ!と
ナマケモノとアルマジロの親戚
グリプトドン
ジャイアントビーバー
モーリシャス島では人間が持ち込んだネズミやブタが鳥の卵を襲い、ドドがこの世から消え…
ん?
デーリシャス!!
へへっ!!
ニュージーランドでは狩りによって13種ものモアが絶滅した
ブスッ
ドスッ
グサッ
モアのおしり
化石の記録によればハワイ島には地方特有の鳥が98種もいたのだが、人間が移住してから半分が絶滅した
現在のガラパゴスでも旅客が多くなり、連れてきたネズミやヤマヒツジが環境を破壊しつつある
ええっ?!
嘘じゃろ?
草木は食い荒らされ…両生類やは虫類の卵は食べられ…絶滅状態の種は少なくない…
「生殖目的」ということで持ち去られたゾウガメもほとんど見せ物として扱われ、今では20分の1に減ってしまった
ゴーッ
ボ～～

※44キロを超えるほ乳類を集合的にメガファウナと呼ぶ。マンモスなども含む。

例えば北のピンタ島では漁船による乱獲が激しくロンサム・ジョージ1匹になってしまった※1
うお〜ん…
そ……そんな…
へな へな
現在ガラパゴスのダーウィン研究所で生態系の研究をし…なるべく元に戻そうと励んでいる
DARWIN
おーよしよし
生命の神秘を子孫に残すためにも自然を大事にしないとだめじゃ※2
ガルル…
現在、世界の種は以前より千倍も早く絶滅している
ヒトは地球上の大半を耕し、採掘し、魚を捕り、動物を狩り、すみかを広げるため…
人間
これぼくんだ!!
熱帯雨林…
ゴゴゴゴゴ
珊瑚礁…
どよ〜〜〜ん
など大自然を破壊していく…

※1 ロンサムは英語で「寂しい」と言う意味。
※2 人間の影響は凄く、この調子だと「第六の大量絶滅」を起こす恐れがある。

意味なく自然のバランスを崩しちゃいけないわよね
バランスとは微妙なもの…
ある種がなくなれば…それを食べるものが困る
おれのめしが…
いつか雪崩のように崩れ去るのじゃろうな
ヒト
ライオン
ブタ
グラッ
ウシ
トカゲ
カエル
トウモロコシ
ガラ
ガラ
ガッシャーン

地球の生態系は複雑にからみ合って成り立っている…
地球
地球上の生物はみな関係しあっているのね
そう…我々も自然の一部だから「何をやっても自然」と言えばおしまいじゃが、影響力が大きいだけに責任も大きいのじゃよ
はなし変わるけど…私たちもいつか絶滅しちゃうのかしら？
生き続けられるかどうかは我々次第…じゃろうな
歴史を振り返ってみよう…3500万年前大陸の移動により、アフリカを東西に分ける大きなミゾができた…
それは生物を西と東に分断し、熱帯だった東側を乾いた草原に化した…西の類人猿は樹上生活をそのまま続けていたが、東では草原を見渡すのに有利な二足歩行に進化し、地上を歩み始めた これがヒトの始まりである！
そうしてヒトは地球の隅々まで繁栄するが、それに至るまで現代人以外の種はみな絶滅してしまう…現代人の祖先となる種は6万年前にアフリカに出現した
20万〜200万年前 エサを探すため居住地域を広げた
直立原人
3万〜20万年前
死者を埋葬した最初の人類
ネアンデルタール人
私たちの前にもうまくいかなかったケースがいっぱいあったのね
見かけは少しずつ違うが、我らは元々みなアフリカ人なのじゃな
ミゾ
（大地溝帯）
160万〜240万年前 脳が大きくなり、道具を器用に作った
ハビリス猿人
もうない!!
ア・ソーレ!!
1万〜3万5千年前 文化の力で氷河期に耐えながら世界に広がった
クロマニヨン人
6万年前〜現在
現代人

自然としては別にどの種が生き残ろうと関係ないのじゃ
ひいきはせんぞ
しぜん
ばーっはっはっは！ できぞこないが!!
しぜん
自然破壊
絶望
ゴゴゴゴゴ…
ドカーン
怠慢
戦争
貪欲
コンプレックス
…とならないよう、我々ヒトは頑張って道を切り開かなければならないのじゃよ※1
ホントダイジョブカナー

逆にヒトって知恵を生かすことのできる唯一の生物かもね
そうじゃな…知恵で自然と対抗するところはユニークじゃな
医学、科学や工学を駆使して、昔なら死んだ者も今では生き延びて子孫を残せるし
近代化している社会ほど少なく子供を産むなどヒトはほかの動物とは違うように自然と対抗している
徳
善意
愛
知識
文化
希望
コミュニケーション
工夫
哲学
科学
チームワーク
医学
努力
また遺伝子を変えていくことも始められ、これからのヒトの進化は自然淘汰だけでなく、ヒトの思想そして科学力によって変わっていくだろう※2
ま…とにかく絶滅とは生命の進化上での厳しい現実で
種が減ったり増えたりして地球のバランスが保たれているのじゃよ
イ…イデンシ!?

※1 戦って問題を解決する本能が進化したヒトは、地球の隅々まで繁栄し、今は別の解答を探す試練に直面している。

※2 遺伝子のことは第五章の「遺伝の方法」で説明される。

問題点とそれへの回答

"It is not who is right,
but what is right, that is of importance."

Thomas Huxley

「『だれが正しいか』ではなく、
『何が正しいか』が重要である。」

トーマス・ハクスリー

第五章　進化論の

飛躍的進化と完璧な臓器

ダーウィンさんの説、全体的にはいいんだけど…まだ納得できないとこがあるのよね
ニコッ
まあどんな説にも難点はあるものじゃ…そんならこの章ではそういう点をひとつひとつ取り上げようではないか
じゃあまずは進化したとは思えないモノが一杯あることよね…
例えば目よ
ほほう…なぜじゃ？
こんな複雑なものが突然変異のくり返しだけでできるとは思えないもの
目はよくできているからのう…グッドポイントじゃ…
像をフォーカスする
レンズ
脳に情報を送る
視神経
レンズを伸び縮みさせる
筋肉
光の量を制御する
瞳孔
世界を高解像度で見る事を可能にする
網膜
立体の情報を得るための
ステレオビジョン
目のようなあたかも完璧な臓器を見れば進化は飛躍したと思うだろう…が実際はそうでもなさそうじゃ
フフン!!
とくいっ
じゃ、どうやって…？
……
ゴニョ ゴニョ
またわすれたわい…

あー…そうじゃな…
こういう例がある… 単細胞のミドリムシは光センサーをもっているんじゃ 光の有無しか感じない単純なもんじゃがの
プラナリアはそういうセンサーの細胞が多くなり、光が多い場所と少ない場所の区別がつく
さらにオウムガイの目はそういうセンサーにくぼみができ、ピンホールカメラのように像を作る 欠点としては暗い質の悪いイメージしか見れない
センサー
えーきもちじゃ〜
ん?
ひからびる〜〜
ピロロロ〜〜ン
光
ウシの目はより多くの光を取り入れる事ができ全体像をフォーカスできるレンズがある… しかし色を区別する能力がない
目がもっと進化した人間は光の強さだけでなく色も見える
I SEE TREES OF GREEN, RED ROSES TOO I SEE THEM BLOOM FOR ME AND YOU AND I THINK TO MYSELF WHAT A WONDERFUL WORLD...
I SEE SKIES OF BLUE AND CLOUDS OF WHITE...
ワシなんて人間の3倍も目がよくて目を守るもう一つの透明なまぶたまである
チュアタラは二つの目の他に脳の一部が目に進化したものがある
ほほう…これは別の進化の道をたどったのじゃろうな…
こういう小刻みの段階があるのね
小さい進歩でも同じ方向に重なればすごい臓器ができてもおかしくない！
それじゃ次いくわね！前の章で進化に方向性はなくて、変化はランダムだって言ったけど…そうならろくなものに進化しないんじゃないの？
誰に仕込まれたのじゃ？
半透明なうろこの下にさらに目が隠れている
チュアタラ

そうじゃな
環境に溶け込むようにカムフラージュする虫を取り上げてみよう…
どこに隠れやがった？
ピタッ…
きっと設計されたのよ
じゃあこう考えてみよう… まずは黄色い昆虫がいたとする それが緑色の変種を産んだとしよう
色の変種はたまにいるから不思議ではないわ…でも緑のも黄色いのをいつか産んで元に戻っちゃうんじゃない？
まあ話はまだ終わっとらん… その緑色のものは身を葉っぱに寄せて、隠れる本能が自然淘汰によってできる
ここならだいじょぶだろ～
その中でも葉っぱに似たものが生きのびやすい
えっ！どうしてわかった⁉
ムシャ♡
変装が甘いな…色だけでごまかせると思うなよ
葉脈の柄が付いたり、食べられた葉っぱのような柄とかにも進化するわけね…
そう… 一方で黒い虫は石のように…
茶色い虫は腐った葉っぱや枝みたいに進化するかものう
得な特徴があるとそれが強調されていく
進化は色々な方向に行けるだけで初めから決まった方向性があるわけではない

なーるほど…
テニスのサーブがうまい人がさらにサーブの技を磨いていくように…
そうじゃ！
でも遺伝されるのは先天的なものだけという事をお忘れなく
じゃあ…魚はどういう進化をして陸へ上がったの？
うーん…空気を吸うための肺と地面を歩く足が必要なわけじゃからのう…
うーん
ん？
肺魚というものがいる…例えば前章で紹介したアマゾンのピラルクは世界最大の肺魚である
肺の進化の例として大昔の魚から肺のある肺魚に進化する過程を見てみよう
大昔の魚は消化管だけ…
食べた物を後ろから出す
サカナ旧式
げぷっ
どうもガスがたまるなー
消化管の一部分が浮き袋に
進化し、消化管とごっちゃ
サカナマークツー
現在のほとんどの魚のように
浮き袋と消化管が分かれる
サカナマークツー改ツインターボ
魚は浮き袋の中の空気の量を調節することによって浮いたり沈んだりする
バラストブロー※
空気
ゴボゴボ
プシューッ…

※潜水艦の浮上も魚の浮き袋と同じ原理を利用している。

肺魚の浮き袋はさらに進化し…吸い込んだ空気から酸素を取り込み…
水面に顔を出して呼吸しなければ溺れ死んでしまうほど肺のように進化した
カポ ガバッ…
くるし
お陰で水が干し上がっても数ヶ月も土の中で生きられる
おおっ そうかっ!
肺魚はヒレもまた面白い…鞭状になっていて手足のように水底を歩けるのだ
まるで両生類の一歩手前ね
おまえがじゃ…
オマエハオラノ イッポテマエ
中国にいる肺魚などは何日間も陸で生活できる
ココアキタ カラアッチ イクアル
たとえ肺魚が実際には魚と両生類の中間種ではなくとも、大昔こういうもんがは虫類や両生類に進化したとしてもおかしくはないわけじゃ
それにほとんどの種は絶滅しているのだから、中間の種が必ずしもみつからなくとも不思議ではない
徐々に起きる進化によって説明できないものはないと断言するっ!!
えーい!! 説明できないものを探してやるっ!
とにかく分からないことがまだいっぱいあるのよね…
よーし!!

進化が必要とする時間

じゃあ今度は時間に関して質問！生命は時間が十分あれば進化するというけど実際そんなに時間ってあったの？
おーっ!! いいところに気づいた
ライエルは地球は聖書のいう6千年よりはるかに古いと言う…それでわしも調べてみようとイギリス南部に行ってみたのじゃ
けんきゅーだ!!
かっこええのう…
Bible
ノースダウンズとサウスダウンズの間に広がる森林地帯は遠い昔…海に削られてできたとされている
しぜんはすごい…
百年に1センチ浸食されると仮定すればこの辺は3億年以上も古いことになる…てなわけで地球の歳はそれ以上ということになる
35キロ
サウスダウンズ
ノースダウンズ
現在の森林地帯
またこのあたりの地層の最下層から恐竜の骨が見つかっていることから、恐竜は3億年前のモノとわしは推定したのじゃ※
さらに生命が恐竜にまで進化するのには何億、いや何十億年もかかっただろう
なるほどね…古い科学力でよくそこまで分かったわね
あたまじゃよ…あ・た・ま
ニンゲンニシテハヨクヤル

※実際のところダーウィンの計算は間違っていたのだが、結論はだいたい合っていた。今では恐竜の出現は約2億年前とされている。

ところがな…物理学者のケルビンはそんなことはありえないと言うのじゃ
ゴオォッ
3億年で燃料切れ
プスプス
プスッ
太陽エネルギーの源が化学反応にあるのなら3億年しか燃え続けないはずだ
フンッ
本名ウィリアム・トムソン
19世紀の物理学者
ロード・ケルビン
わしが推定する恐竜の時代から燃えていたのならすでに燃え尽きていることになるではないか！
生きるために太陽エネルギーは不可欠だからねえ
それに地球は大昔…ドロドロと溶けている状態で…表面が冷めるまでに1億年は必要との計算だ
ドロドロ
フーッ
エキストラクリスピーッ
さめるまで1億年は必要
もしそうなら生命が進化できた時間は2億年以下…地球上で進化が起きるには時間が足りない…
ケルビンはずえーったい間違っていると思うのじゃがどう反証を挙げれば良いのか…物理は苦手じゃからのう…
進化論の大きな難点じゃ
こりゃあかん
うーん
しかし科学が発展すると地球の年齢などが正確にわかってきた…ただそれは20世紀になってからだ…
へ？
けいさんしなおせ!!

20世紀の半ばから化石などの年代を知るのにアイソトープが使われ始めた※[1]
ちょっと難しい話になるけれど…原子って知っているだろう？
全ての物質を構成する小さな粒子だ
イー…イソップ？
ホゲ.
原子は原子核とその周りを回る電子からなっていて…※[2]
原子核は陽子と中性子からなる
中性子
陽子
電子
ヨーコ??
ちがうっ・・・ようし！
例えば炭素は中性子と陽子がそれぞれ6つ…核に計12個あるので^{12}Cと書く
^{12}C
以後このように省略する
^{12}C
アイソトープとは原子のバリエーションで、その核に余分な中性子があるのだ……
炭素の場合余分な中性子が1つの^{13}Cと2つの^{14}Cのアイソトープが自然界に存在する
中性子が6つある普通の炭素
^{12}C
中性子が1つ余分にある
^{13}C
中性子が2つ余分にある
^{14}C
この話では^{14}Cが肝心なのでそれに集中しよう…
大気圏上層部で^{12}Cは宇宙線によって平均1兆個に1つが^{14}Cに変換されている
宇宙線
宇宙線
^{14}C
また空気の中には炭素と酸素から成るCO_2（二酸化炭素）がいっぱいあるわけだが…
大気圏上層部でできた^{14}Cも空気中のO_2（酸素）とくっついて$^{14}CO_2$になる
^{14}C
O_2
$^{14}CO_2$
ここまではついてこれたかな？
そうだ…
つまり…空気中のCO_2の中には$^{14}CO_2$が少し含まれているわけね
あのさー難しい話はよそうよ…かんけーないじゃろ？
まあまあ…これからが面白い…
かんべんしてくれ〜

※[1] アイソトープ＝同位体
※[2] 今までに110以上の原子が発見されている。このうちの約90が自然に存在し、残りは人工的に造られた物である。

※アイソトープの割合が半減する時間を「半減期」という。
動植物の体重の2割は炭素からなるが、呼吸によって体内の炭素が外の炭素と常に入れ替わり…体内の^{12}Cと^{14}Cの割合は空気中のと全く同じ値に保たれている
CO_2
CO_2
空気中
体内
^{12}C
^{14}C
ところが生物が死んでしまうと炭素が外と入れ替わらなくなるので^{14}Cの割合が生存時の値で固定される
ここで普通の炭素とは異なる^{14}Cの面白い特徴が生かされる
^{14}Cは…^{13}Cや^{12}Cと違い不安定なので崩壊し、時間が立てば立つほど^{14}Cの量が減っていく
ぱっ
ぱっ
^{12}C
^{13}C
^{14}C
具体的に^{14}Cの量は5700年で半分になり死体の^{14}Cの割合を計れば死亡から経った時間を逆算できる※
そんなことができるのか？
基本だよダーウィン君…^{14}Cの割合からして、彼は6千年前に殺されたと推測する
死亡からの経過時間　0 年　5,700 年　11,400 年　17,100 年
^{14}C（死亡時と比べた量）　100 %　50 %　25 %　12 %
5,700 年ごとに半分になる
ねえ…^{14}Cが崩壊するんなら空気中の^{14}Cは減る一方で無くなっちゃうんじゃないの？
いや…前言ったように^{14}Cは宇宙線によって常に新しく作られ…作られる率が崩壊する率と同じ平衡状態にあるため、空気中での一定の割合が保たれる
えーと
このテクニックは時間が経つにつれ、^{14}Cが少なくなって計測できなくなるという問題点がある
^{14}Cは10万年ほどでほとんど崩壊してしまうため、もっと遠い過去は半減期がもっと長いアイソトープを使って調べる
^{238}U
半減期：4,500,000,000年
ウラン
^{14}C
半減期：5,700年
炭素
^{232}Th
減期：14,000,000,000年
トリウム
^{40}K
半減期：1,250,000,000年
カリウム
^{235}U
半減期：700,000,000年
ウラン
^{147}Sm
半減期：106,000,000,000年
サマリウム
^{87}Rb
半減期：48,800,000,000年
ルビジウム

同じように地球の岩石のウランアイソトープなどを調べると、地球の年齢は46億年との計算になる
おらおらぁ どうしてくれるぅ？
3億年だとおっ？
ワッ
また太陽は化学反応ではなく、それよりはるかに凄まじい原子エネルギーで燃えていることがわかり…今では太陽の年齢は47億年とされている
ざまーみろだ
ちっくしょぉ おおおおおっ!!!
47おく ねんの キ〜ック
バシッ
20世紀は科学の全ての分野が爆発的に発展したエキサイティングな時代であり、画期的な発見やテクニックが多く見つかった時代である※
相対性理論
分子生物学
量子力学
遺伝学
医学
化学合成
まあ よかろう…
ぷっ…ぷふっ
で…進化は46億年あれば足りるのかしら？
まあ聖書の6千年よかましじゃろ？
進化が起きてもおかしくない時間じゃと思うが君も研究して調べたらどうじゃ？
面白いぞ

※これからの節でもこういうトピックを何点か取り上げるので楽しみにしてほしい。

不完全な化石の証拠

アメリカ合衆国の南西には「自然の7不思議」といわれている壮大なグランドキャニオンが広がっている
それは大昔…海の下で何億年もの間蓄積された地層が川によって削られ…露出したものだ
まあ…
すごいのう…
またあったわ!
えがったのう!
化石は生命が進化したという第一の証拠じゃ
でも…生命が徐々に進化したわりには、その中間の種が見つかっていない場合が多いのじゃ
?
進化論危うし!!
そう…問題なのじゃ…
ムスッ

それぞれの層には
様々な化石があり
生命の歴史が刻み
込まれている
オーッ
言い訳としては
化石の記録は不
完全だからじゃ……
インチキだー!!
いやいや…
化石の記録とは
ページをいっぱい
切り抜いた本の
ように中途半端
なものなのじゃ
ビリ
ビリッ
化石は
偶然が
重なって
初めてでき
るため…
生物が石化
して残る可
能性は実は
低いのじゃ
バン
バン

まれに虫が樹液にとじこめられそのまま琥珀になったり…
マンモスが氷に包まれて長い間保存されていることがある
……
しかしたいていの生物は死ぬと腐り…
…動物に食べられ…
死骸は風化してしまい…化石になるものはごくわずかじゃ
化石になるには色々な条件が満たされなければならない…
例えば海や沼の底では腐敗しにくいので死骸が保存されやすい
そこに水や風が砂などを運んでくれれば死体が無くなる前に埋もれるわけじゃ
あたしってきれい♡
しかし埋まっただけじゃ化石はできん……さらに石化しなければならないのじゃ
常に砂が蓄積し…地面が沈んでいく場所なら
死骸はさらに深く埋まり…重さで砂が堆積岩に石化する
ピキーンッ
河口や浜辺などではこのようにして岩ができる
ザザーッ

埋もれた後の条件がさらに合えば、骨などの堅いモノは何通りかの石化の道を歩む
骨にミネラルがしみ込んでさらに堅く石化したり…
骨が溶けてしまい…空《から》の型ができたり…
ポッカリ
その型の中にミネラルが流れ込んで固まったりする
ドロ ドロ
とまあ…このように化石はできるのじゃが…
せっかくできた化石があっても風化したり…
ビュー
ボロッ
だいじなひょーほんがー!!
さらに深く地下に沈み…圧力や高温で破壊されたりするので…
あついぞおい…
グクッ…
グシャッ…
ううっおもい…
…多くは発掘されずに終わる
ざんねんねえ…
コレダケ…?

…てな訳で…
化石とは長ーいドラマのところどころのスナップショットを取ったにすぎないモノなのじゃよ
三国志に例えると…
三国志
はじまりはじまりーっ
オラりゅうび
曹操死す…
おひまい
話にならないわね!!
化石になる生物はほんの一部なので、進化の中間種の化石が見つからなくても不思議ではない
でも正直にいうと、まだわからないことが色々あるのじゃ
一番のミステリーは5億年前のカンブリア紀に起きた種の激増じゃろうな
グランドキャニオンや中国の地層の化石を見ると、この時代に劇的に種の数が増えていることがわかる
初めの生命
30億年後
カンブリア紀以前
わずか1千万年以内
オウムガイの先祖
ミケリノセラス
外骨の鎧に覆われ、あごのない
プテラスピス
どっか〜ん
生命の歴史における初めの30億年はバクテリア、藻、サンゴや海綿状の単純な生物のみであった…
それがカンブリア紀で一挙に種類が増え…
わずか1千万年の間で今でも残っている生物の基礎設計の多くが決められた※
目として複眼が進化した
三葉虫
エビや昆虫の祖先
アノマロカリス
でもどうやって…？
どうして…？
急に現れたことがどのような意味を持つかはわからん…
頭が痛いのじゃ…
ポリポリ

※「カンブリア爆発」と呼ばれ、その理由についてはいまだ熱く議論されている…　生命の基礎設計が3から38に増え、地球生命の進化にとって大事な時であったことは確かだ。

遺伝の方法

反論の中で一番気になるのは遺伝じゃ…
親から子へ特徴が伝わるのは明らかだが…
その方法がわからん…
そんなに落ち込まないで…
でもダーウィンの後で遺伝のことが少しずつ解明されていったのだ
おおっ！
イデン？
これからの章でも遺伝の話が色々出てくるのでここでまず簡単に説明しよう…
ダーウィンが進化論をまとめている間…メンデルはエンドウマメの遺伝を研究していた
ん？
ねえねえなにやってんの？
モラビア（現在オーストリア）の修道僧
グレゴール・メンデル
メンデルはエンドウマメを交配させて特徴を調べた…
へんやで？背丈は2種類だけや？
明らかに高さに関係する何かが代々遺伝されとる…
カキ
カキッ
試しに背の低いものと高いものを無理やり交配させ…
ほれ種作れっ
ぶちゅ
ぶちゅっ
ぽこ
ぽこっ
…できた種を植えてみると…
プスッ
こね
こねっ
…全て背の高いものに育った
びよよ〜〜ん
低いもんが全然おらんぞ!?

2代目のエンドウマメ　　1代目のエンドウマメ

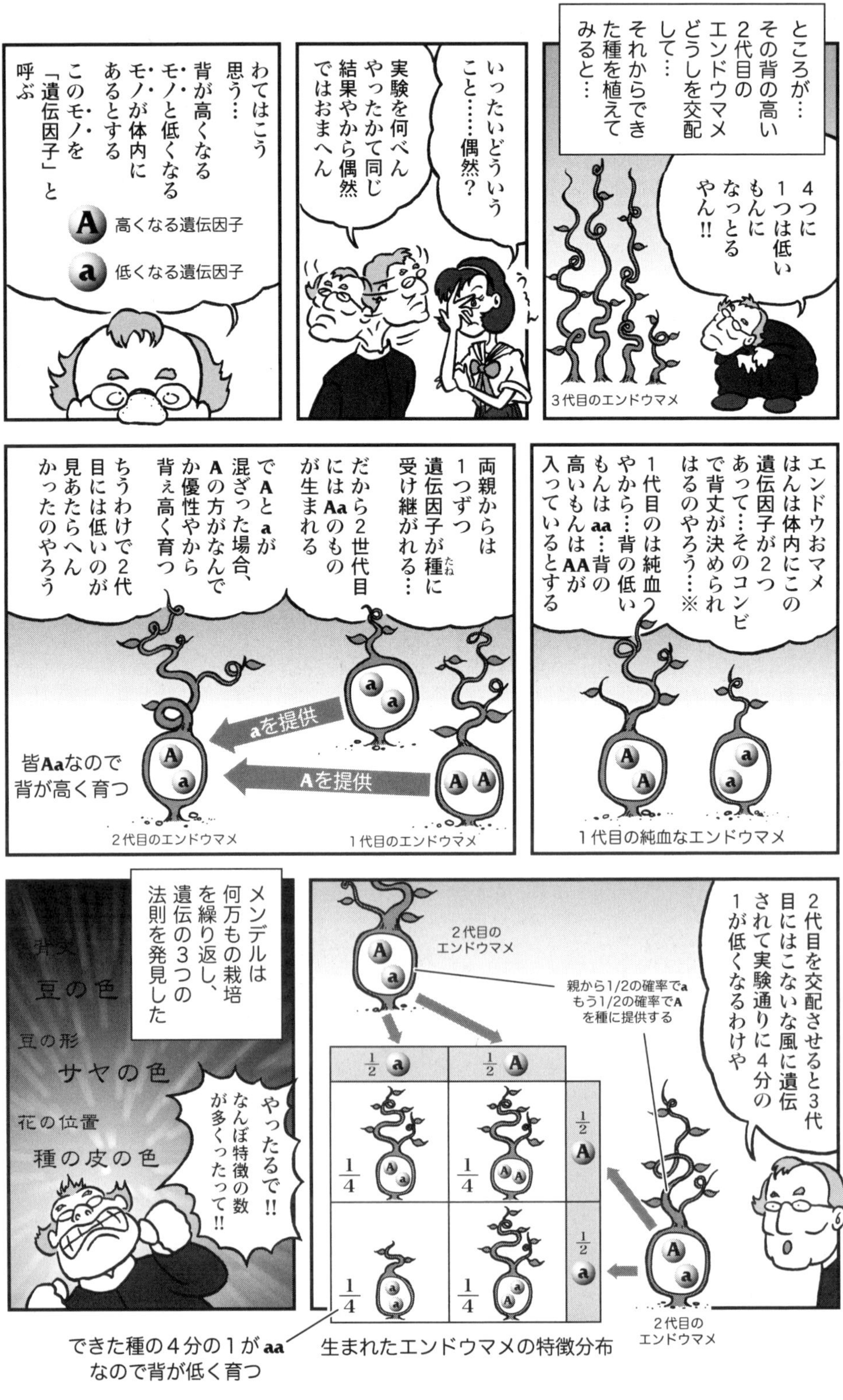
ところが…その背の高い2代目のエンドウマメどうしを交配して…それからできた種を植えてみると…
4つに1つは低いもんになっとるやん!!
3代目のエンドウマメ
いったいどういうこと……偶然?
実験を何べんやったかて同じ結果やから偶然ではおまへん
う〜ん
わてはこう思う…背が高くなるモノと低くなるモノが体内にあるとするこのモノを「遺伝因子」と呼ぶ
A 高くなる遺伝因子
a 低くなる遺伝因子
エンドウおマメはんは体内にこの遺伝因子が2つあって…そのコンビで背丈が決められはるのやろう…※
1代目のは純血やから…背の低いもんはaa…背の高いもんはAAが入っているとする
1代目の純血なエンドウマメ
両親からは1つずつ遺伝因子が種《たね》に受け継がれる…
だから2世代目にはAaのものが生まれる
でAとaが混ざった場合、Aの方がなんでか優性やから背ぇ高く育つ
ちうわけで2代目には低いのが見あたらへんかったのやろう
aを提供
Aを提供
皆Aaなので背が高く育つ
2代目のエンドウマメ
1代目のエンドウマメ
2代目を交配させると3代目にはこないな風に遺伝されて実験通りに4分の1が低くなるわけや
2代目のエンドウマメ
親から1/2の確率でa もう1/2の確率でAを種に提供する
1/2 a
1/2 A
1/4
1/4
1/4
1/4
できた種の4分の1がaa なので背が低く育つ
生まれたエンドウマメの特徴分布
2代目のエンドウマメ
メンデルは何万もの栽培を繰り返し、遺伝の3つの法則を発見した
背丈
豆の色
豆の形
サヤの色
花の位置
種の皮の色
やったるで!! なんぼ特徴の数が多くったって!!

※遺伝というものは複雑で、全ての特徴が背丈の例のように2つだけの因子に記述されるとは限らない。他の特徴は2つ以上…また色々な因子の相互作用によって決められる事が多い。

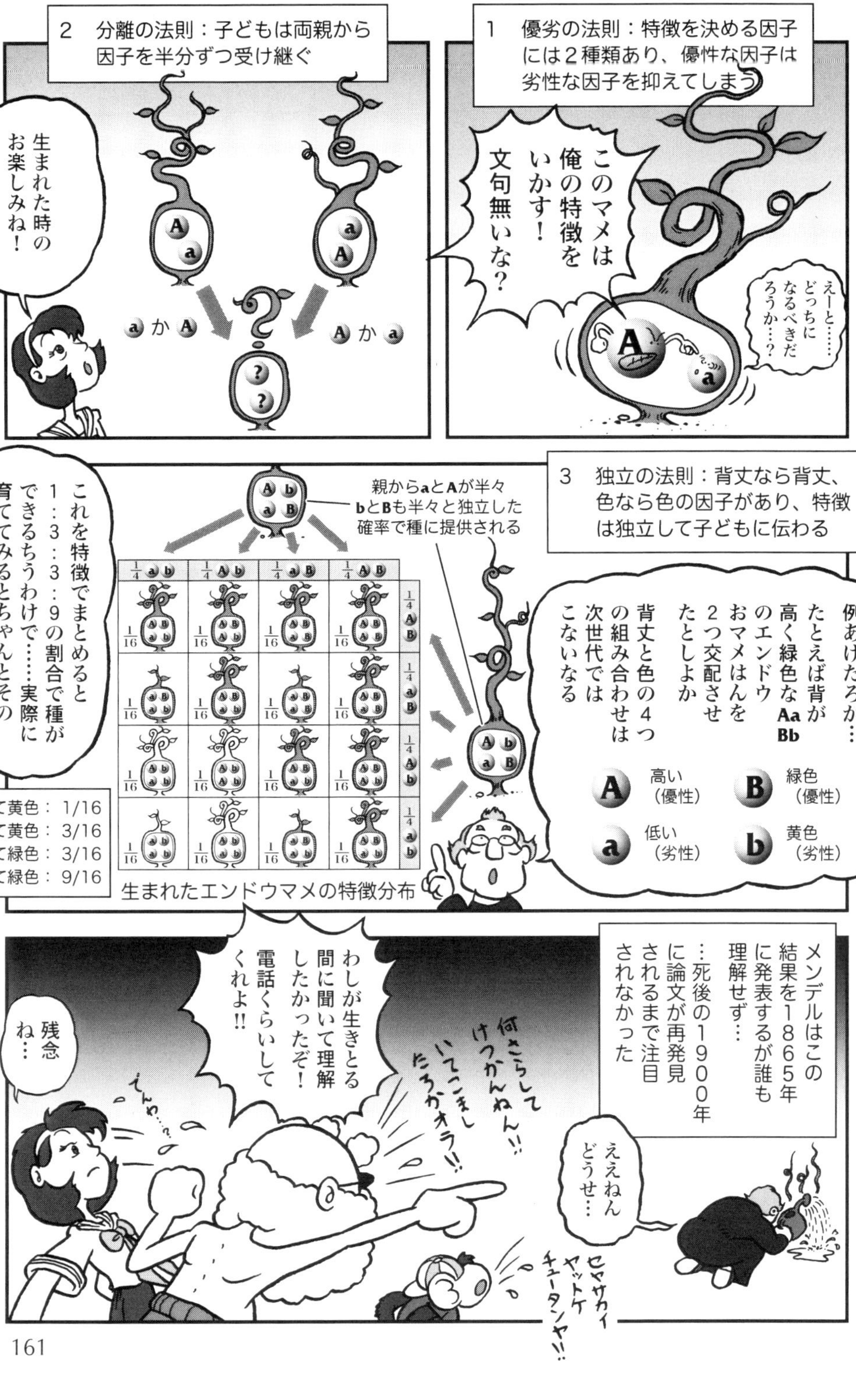

1　優劣の法則：特徴を決める因子には２種類あり、優性な因子は劣性な因子を抑えてしまう
このマメは俺の特徴をいかす！文句無いな？
えーと……どっちになるべきだろうか…？
2　分離の法則：子どもは両親から因子を半分ずつ受け継ぐ
a か A
A か a
生まれた時のお楽しみね！
3　独立の法則：背丈なら背丈、色なら色の因子があり、特徴は独立して子どもに伝わる
親からaとAが半々bとBも半々と独立した確率で種に提供される
例あげたろか…たとえば背が高く緑色なAaBbのエンドウおマメはんを2つ交配させたとしよか
背丈と色の4つの組み合わせは次世代ではこないなる
A 高い（優性）
B 緑色（優性）
a 低い（劣性）
b 黄色（劣性）
これを特徴でまとめると1：3：3：9の割合で種ができるちうわけで……実際に育ててみるとちゃんとその割合で子孫が生まれる
低くて黄色：1/16
高くて黄色：3/16
低くて緑色：3/16
高くて緑色：9/16
生まれたエンドウマメの特徴分布
メンデルはこの結果を1865年に発表するが誰も理解せず…
…死後の1900年に論文が再発見されるまで注目されなかった
わしが生きとる間に聞いて理解したかったぞ！電話くらいしてくれよ!!
何さらしてけつかんねん!!
いてこましたろかオラ!!
残念ね…
ええねんどうせ…
セヤサカイヤットケチュータンヤ!!

じゃあ…遺伝の情報がどこにどうやって隠れてるのかおせーて…
大事にしてるパンツサービスするから…
いるかんなもん…
あ・げ・る♡
遺伝の情報は細胞の中に入っている 歴史をたどってまず1665年…フックは自家製の顕微鏡で植物の組織などを見ていた… これが初めての細胞の観察である
人が住む個室に似ている…セルと呼ぼう
偉大なフックなら知ってるぞ!!
おおっ!!
全ての分野に貢献した科学者
ロバート・フック
ダーウィンが進化論を考えていた頃の1839年… 顕微鏡の精度も進歩し…シュヴァンとシュライデンは細胞の観察を重ね…植物と動物の細胞の根本的な共通点に気づき、画期的な概念を提唱した
生き物は全てが細胞からなっている……※1 そして生物の生殖と成長は細胞が分裂して増えることによって起こる!!
ドイツの植物学者
マティアス・シュライデン
ドイツの動物学者
テオドール・シュヴァン
そして1883年にヴァイスマンは考えた…
細胞には体をなす体細胞と子孫を残すための生殖細胞の2種類しかない
ドイツの博物学者
アウグスト・ヴァイスマン
生殖細胞は親から1つずつ…パパからは精子…ママからは卵子が提供され…それが一緒になってできた細胞から赤ちゃんは育つ
合体
生殖細胞に入っているモノしか遺伝されないのでラマルク説とは違い、ボディービルで鍛えられた体や勉強で増えた知識は受け継がれないのだ※2
ダーウィン説にいっぽーん!
ワーイ!!

※1「細胞が生物の構成単位」という概念は現代生物学での大事な進歩である。
※2 ラマルク説の説明は第一章の「古代からの言い伝え」を参照。

時が経って1953年…ワトソンとクリックがX線を用いて細胞の中の遺伝情報を含んだモノの化学構造を解明した※
生命の設計図は長〜いらせん状の分子からなり、全ての細胞の核に収まっている
細胞
核
A
T
C
G
生殖細胞には半分が入っていて、それが子どもに遺伝されるのだ
半分しか入っていないから2つの生殖細胞が合わさって初めて一人前の細胞ができるわけね
イギリスの
フランシス・クリック
アメリカの
ジェームズ・ワトソン
しかーし!! 親から子供へと同じ因子が代々伝えられているだけでは変化は出てこない!!
うおーっ! やめてくれーっ わしの進化論がーっ!!
ダーウィン進化論が成り立つために変化は絶対条件だからね
メンデルの研究を再発見したオランダの
フーゴ・ド・フリース
まあ有性生殖の場合、2つの個体の遺伝子が混ざり合うため変種が多くできることは確かだが…
それでも昔からある遺伝子を組み替えているだけじゃ今までにない本当に新しい特徴は現れないだろう?!
もうだめ…
しかし心配はご無用! 私はオオマツヨイグサでごくまれに、それまでにない特徴が現れることを発見した
この現象を「突然変異」と呼ぶことにした
花弁が今までにない長円形の変種だろう?
おおっ よかった…
心配かけやがって…
そう…遺伝子の変異は生殖細胞複製時のミスや化学反応などによってランダムに生じる……
でもその多くは失敗に終わり、生物は無事育たない
オマエハヘンイノシッパイ
おまえこそじゃ
永遠にやってろ……
ところが遺伝子の変異が良い物であれば、その生物は生き残りやすくなる
おっ…おおおっ!! とべるぞ!! ハ…ハハ…… とべるぞーっ!!
あ…いいな いいなあ…

※20世紀の物理学の進歩は凄まじく、X線や前に話したアイソトープといったものが生物学や化学の基盤を築き上げるのに役だった。光の顕微鏡では見えない細胞の詳細も1931年に発明された電子顕微鏡が明らかにした。

※遺伝子の説明には関係ないことだが、核が無い細胞もある。たとえば赤血球は表面積・体積比を上げるためか、でき上がった後に核を放り出すように作られている。

ざっとこれが現在の遺伝の知識だ
そう言うことじゃったのか…
わかったよーな……想像つかないよーな…
言葉だけじゃ分かりにくいからちょっと体の中を覗いてみようか…
ひえーっ!!
うわーっ!
さて…ここは人間の皮膚の上…
近くで見るとぼこぼこしているわね
こういうのは苦手じゃ…
これは毛ね?
そう…毛も何百個もの細胞からできている
単細胞の生物は名の通り一つの細胞からなっているが…人間の皮膚、筋肉、毛、脳…もみな細胞からなっている
髪の毛の断面図
単細胞のバクテリア
この細胞の中を見てみよう……
わーい!
うえっ…
体の細胞はだいたいこのような構造になっている…遺伝に関して一番大事な部分は細胞の真ん中にある核である※
うわお!!小さいのに凄く複雑なのね!
核
うぷっ……ビーグル号の二の舞じゃ…
うえっ

細胞の断面図

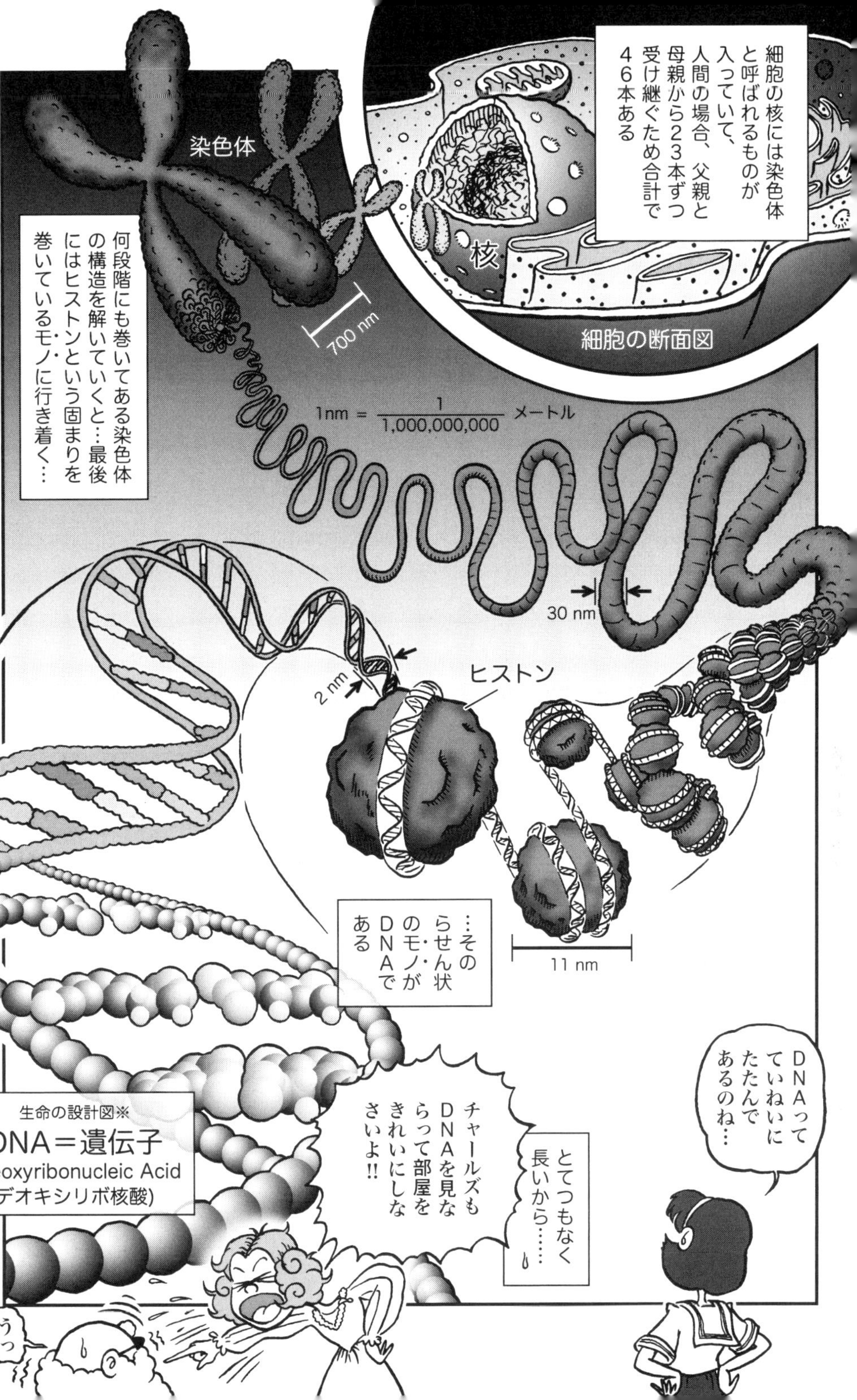
細胞の核には染色体と呼ばれるものが入っていて、人間の場合、父親と母親から23本ずつ受け継ぐため合計で46本ある
細胞の断面図
核
染色体
700 nm
何段階にも巻いてある染色体の構造を解いていくと…最後にはヒストンという固まりを巻いているモノに行き着く…
1nm = 1/1,000,000,000 メートル
30 nm
ヒストン
2 nm
11 nm
…そのらせん状のモノがDNAである
生命の設計図※
DNA＝遺伝子
(Deoxyribonucleic Acid
デオキシリボ核酸)
DNAってていねいにたたんであるのね…
とてつもなく長いから……
チャールズもDNAを見ならって部屋をきれいにしなさいよ!!
うっ

※卵子と精子が一緒になった一つの細胞から一人前の生物ができるのだから大変素晴らしいことである。

人間1人の身体はおおよそ50兆の細胞からなっている……
それぞれ一個一個にその人を作る情報のコピーが入っている※
オラん中に？
ん？
50,000,000,000,000
個の細胞
人間の細胞1つのDNAは引き延ばすと2メートルもあり…
体中のDNAを全部合わせると地球を250万周、地球から太陽までを3百回以上往復した距離に相当する
人間一人の体中のDNAの長さ
100,000,000,000,000 メートル
お〜っ
自然の神秘…
遺伝学の進歩はすごい……
遺伝学
進化の実験は人の短い人生ではできんかった…
遺伝の方法が解明され…
進化論を試す基盤ができたわけだ
あとの章で遺伝学がダーウィンの進化論の正しさをさらに裏付ける
楽しみね！
わしにも見せてくれ
うーん!!
ボク待てないっ

※理論上は一つの細胞さえあればその生命のクローン（複製）を作れる。これまでウシやネズミなどの動物のクローンに成功している。またノアが箱船で色々な種を洪水から助けた話のように、世界全ての種のDNAを記録して後世のために残そうと試みている科学者たちもいる。

※「ポケットウォッチの例え」は第一章の「エジンバラ」を参照。

ポケットウオッチの例え
おおーっとまったあ!!
遺伝学が解明したことを早く聞きたいのじゃ!!
一番気になってることがまだ残ってるのよ…ポ・ケ・ッ・ト・ウ・オ・ッ・チの例え!
ギクッとくるのじゃ
わしもペイリー主教の論理に悩まされた……※
言い返す言葉がなかろう…
生物がこんなによくできているなら創造主《かみさま》がデザインしたと思ってもおかしくないでしょ?
その通り!
生物はよくできている…が完璧ではない
よくみると必ず進化の跡や代々伝わってきた余分な物が残っている
…それは余分というわけではないのじゃ…
じゃ…
人間が話す言葉に例えてみよう… エスペラント語というのを聞いたことがあるかな? ポーランドのザメンホフがインド・ヨーロッパの言語から不規則な部分を除いて作った言語である
名詞はoで終わる　amiko＝友達
複数の名詞はojで終わる　amikoj＝複数の友達
形容詞はaで終わる　nova＝新しい
意味を逆にするにはmal-を付ける　malnova＝古い
動詞の時制は最後に-is -as -osを加えることで決まる　vidis＝見た　vidas＝見る　vidos＝見る(未来)
⋮
…などと規則正しく簡単なルールばかりであーる
簡単な文法だろう?
ポーランドの眼科医
ルドビーコ・ザメンホフ

エスペラントは一人の人間がデザインしたため文法が規則正しく整っている
いうならばポケットウォッチじゃな
逆に人間が話してきた言語は非常に不規則だ例えば英語は長い間侵略などで他民族の影響を受け、発音や文法のルールがメチャクチャなのである
グース（アヒル）の複数はギース…
トゥース（歯）の複数はティースなら
ムース（ヘラジカ）の複数は？
ミース？
いや「ムース」だ
わしでさえ英語はよく分からん…むずかしいからのぉ
うおーっ?!
ナッハッハ
自然の言葉とは誤って使われたり…必要に応じて変化したりするので文法や言語が不規則になるもの…そのため色々な影響の痕跡が残る
英語には日本語からの影響もある…「班長」という言葉から俗語でボスをホンチョーと呼んだりする…これがまたスペイン語でさらに進化してホンチャという女性形の言葉までできてしまった
…
わ…わしがホンチョー…
わたしはホンチャ!!
日本語でも近頃「ら」抜き言葉が多くなったし…
そーゆー傾向が見れる
うっ…見られる…?
キリギリスとコオロギの言葉の意味が逆になってしまった…
きりぎりす鳴くや霜夜のさむしろに衣かたしきひとりかも寝む
トホホ…
たしかに現代日本語で夜泣くのはコオロギのほうよね…
また日本語はウラル・アルタイ語族と関係があると言われ…韓国語と文法がよく似ている
ウラル語族
アルタイ語族
フィンランド語
ハンガリー語
ングース語
ルコ語
韓国語
日本語
蒙古語

日本語は土着の言葉に中国の漢字が組み込まれ…国内で作り上げたひらがなとカタカナが加わり…今では世界中の言葉が混ざり込んでいる
ひらがな
カタカナ
チャンポン
言語はポケットウォッチのように一発でデザインされていない
それに、ポケットウオッチは細かくできているが時間を示すことしかできん
ネジを巻かないと止まってしまうが…生物は勝手に自分で食べ物を探す
ポケットウオッチは落とせばそれまでだが…生物は傷つけば自然に治る
イタイニャ
ポイッ
ピタッ
クンクン
ガチャンッ
やわな生き物は滅び…自然淘汰によって環境に適応していくのが生命なのじゃ
しっぽじゃないと言うたろう…
こらっ
でもそんなにうまくできているならやっぱり神様がデザインしたのよ
そこまでいうならなぜ生物には理不尽なところがあるのかな?
木に住まないキツツキの種…
それでもきつつきさ…
泳がないのに水かきがある高地に住むガチョウ…
ガラパゴスのウだって飛べないのに羽根がある…きちんとデザインされたにしてはいい加減だとは思わぬか?
?

決められた環境に対応してデザインされたものは少しでも環境が変われば適応できずに滅びてしまうのがオチ…
カブトムシが飛べることは普通は得なのに…
風が強いマデイラ諸島では致命的な弱点となった※1
生命をデザインするなら風をさえぎってくれる囲いもデザインすれば良いのに…サービス悪いわね
カッコイーッ!!
しょせん猿知恵じゃ
マラリアに対抗する遺伝子の例もある※2
ダーウィン進化論と関係あるの?
ハハッ…遺伝子の話か…
非常に関係ある話だ…
マラリアとは熱帯の病気で、毎年150万人の命を奪っている…犯人は蚊の体内にいる寄生虫だ
とつげきようい!!
蚊に刺されると寄生虫が血の中に入り、赤血球を襲う
おっ…血だ!
寄生虫は赤血球の栄養分を使い、どんどん増えて…終いには赤血球を破裂させる
散らばった寄生虫は他の赤血球や細胞を襲い…最悪の場合、寄生された人は死んでしまう
おおーっ!! あっちにもあるぞ!
もちろん宿主の人間が死ねば寄生虫も死ぬ…
自分の宿主を殺しちゃうなんて馬鹿みたいね!
・・・デザインとしてはチャチじゃのう!
死なないで! あんたなしでは生きてけないわ!!

※1 マデイラ諸島の飛べないカブトムシは第四章の「進化に方向性はない」を参照。
※2 このような遺伝子が人間にあることは20世紀に発見された。

ところがマラリアに強いヘモグロビンを持つ人がいる…
ヘモ…
…グロビン…?
ヘモグロビンは赤血球の中にあり…血が肺に来た時に酸素を吸収し、体に酸素を運ぶ役割を持つ
息を吸い酸素を肺に入れる
O_2
酸素を吸収した血を心臓が身体中に押し出す
肺
心臓
赤血球
酸素
ピトッ♡
ヘモグロビンが酸素を引きつける
このヘモグロビンは一つの遺伝子ペアで記述され…親から片方ずつ受け継がれる
大抵の人はペアの両方ともAタイプである※
AA
A
いつのことか…この遺伝子にSタイプという変種が現れた
AA
SA
ペアの一つがSの人は酸素が減ると、ヘモグロビンが細長くなり血が鎌状になる
えぇーっ？これじゃ血管に突っ掛かっちゃいそう！
そう…鎌状の血は血管に詰まりやすい
ピキーンッ
それでもこの特徴はマラリアに対抗する能力がある…マラリアは増殖する時に周りから栄養分を多く奪うため、血の中の酸素が減る
この時Sタイプのヘモグロビンは酸素の減少に反応して形が変わり、赤血球が鎌状になる…最後には脾臓という臓器がマラリアを鎌状の赤血球ごと体から除いてくれる
破裂する前にマラリアを排除するのじゃな
身体が回ってきた血
脾臓
マラリアを含んいる鎌状の血
ポイッ
うおーっ
きれいな血だけが身体に戻される
ところがSタイプには裏がある…
親から受け継いだ遺伝子が両方ともSタイプだとマラリアと関係なく、ちょっとした酸欠状態で多くの血が変形してしまい、貧血状態になってしまう…「鎌形貧血症」という病気だ
く…くるしい…
SS

※このAタイプとは血液型のA、BやOタイプとは関係ない。

また排除する赤血球が多すぎて脾臓がパンクしてしまうこともあり…両方Sタイプの人は平均寿命が40数歳である
それでもマラリアの多い地域ではSタイプの因子を持つ人が比較的多い
マラリアが発生しているところではSタイプのお陰で絶滅を免れたのかも知れないわね
おー ほんとだ…
Sタイプの分布
マラリアの分布
でも片方だけがSタイプで助かっている人もいれば、不幸にもダブルSで死んでしまう人もいる…
AA AS SA SS
こんなのを…「完璧」なデザインと…いえるか…?
このような事実は人間が一人一人人道的な思想に基づいてデザインされたのではなく…
自然淘汰という考え方によって初めて理解できる…
マラリアで絶滅しそうになった時でも…人間に多様性があったからこそ助かったのじゃ
生命の誕生から40億年の間…1・5億の種が現れては絶滅し…今ではその内の百分の一しか残っていない…
トクサ科植物の祖先 カラミテス
名の通りの シリアゲムシ
3mにもなる ウミサソリ
みな絶滅…
中央アジアにいたゾウ プラティベロドン
創造主が完璧にデザインしたのならこんなに種を絶滅してしまうのも残酷でおかしいと思わんか?
フム フム

でも目のようによくできた物を見るとやっぱりポケットウオッチの例えにも一理あると思うけど…
目のことは前にもう話したろうが…
ン?
はっはっは!…人間には素晴らしい限りかもしれないが、脊椎《せきつい》動物の目はそれほど完璧ではない※
イカやタコの目は非常に複雑で人間の目とよく似ているところがひとつ、大きな違いがある
どれどれ
光を受け取る役目の網膜に栄養を送る血管や神経は、タコなどでは網膜の後ろに固まっている
ところが人間の目では網膜の前にある…
網膜
血管
血管は網膜
後ろにある
網膜
そのため入ってきた光は血管などにさえぎられ、目は光がちゃんと入るよう必死に動かなくてはならない
障害物の後ろから見ているようなものね…
誰がこんなアホなデザインにしたんだ!!
あせあせっ
ううっ
よくみえん…
プルプルッ
それだけではない
目が見た情報は神経を伝わって脳に送られる訳だが…前に出ている神経は網膜をくぐり通らなければならないため、脊椎動物の目には盲点が出来てしまう
網膜から脳へ情報を伝える神経
網膜
血管
脳
視神経が通るこの辺りは目は見えない
神経の束(視神経)
イカにもうてんはない!
そしてもっと重大な欠点がある
試してごらん…左目を手で隠して右目でこの点を真上から見ると、本から35センチくらいのところでバッテンが消えるから…
お…ほんとだ…ひでぇ
かねかえせー!!
点
バッテン

※脊椎動物とは背骨のある動物のこと。例えば人間は脊椎動物である。

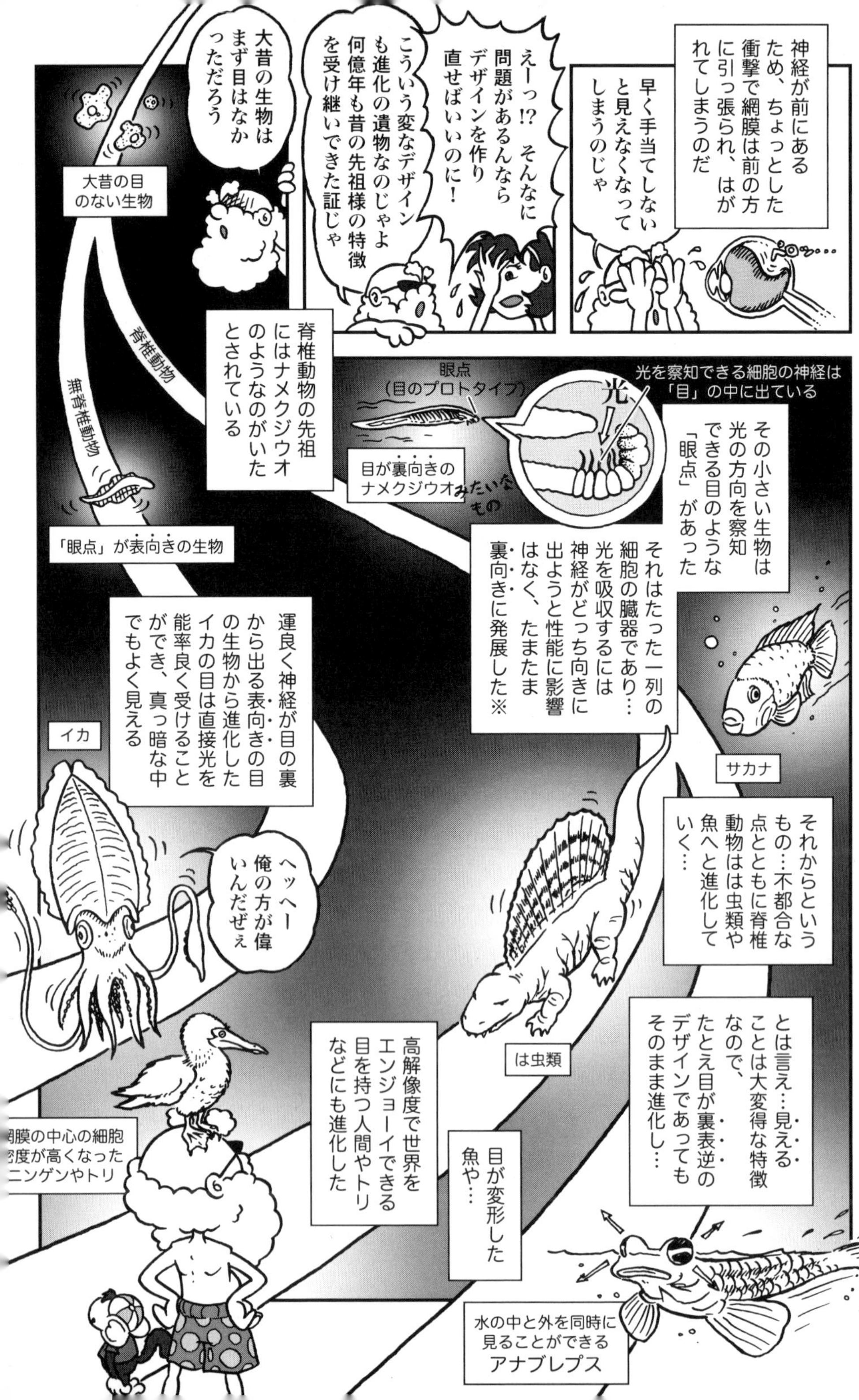
神経が前にあるため、ちょっとした衝撃で網膜は前の方に引っ張られ、はがれてしまうのだ
早く手当てしないと見えなくなってしまうのじゃ
えーっ!? そんなに問題があるんならデザインを作り直せばいいのに！
こういう変なデザインも進化の遺物なのじゃよ 何億年も昔の先祖様の特徴を受け継いできた証じゃ
大昔の生物はまず目はなかっただろう
大昔の目のない生物
脊椎動物
無脊椎動物
脊椎動物の先祖にはナメクジウオのようなのがいたとされている
眼点（目のプロトタイプ）
光を察知できる細胞の神経は「目」の中に出ている
光
目が裏向きのナメクジウオみたいなもの
その小さい生物は光の方向を察知できる目のような「眼点」があった
それはたった一列の細胞の臓器であり… 光を吸収するには神経がどっち向きに出ようと性能に影響はなく、たまたま裏向きに発展した※
「眼点」が表向きの生物
運良く神経が目の裏から出る表向きの目の生物から進化したイカの目は直接光を能率良く受けることができ、真っ暗な中でもよく見える
イカ
サカナ
それからというもの…不都合な点とともに脊椎動物はは虫類や魚へと進化していく…
ヘッヘー 俺の方が偉いんだぜぇ
は虫類
とは言え…見えることは大変得な特徴なので、たとえ目が裏表逆のデザインであってもそのまま進化し…
高解像度で世界をエンジョーイできる目を持つ人間やトリなどにも進化した
目が変形した魚や…
膜の中心の細胞
度が高くなった
ニンゲンやトリ
水の中と外を同時に見ることができるアナブレプス

※人間の胎児の目も初めのうちはナメクジウオの「眼点」によく似た形態をしている。発生学と進化の関係は次の章で少し触れる。

たとえ後々の状況に都合が合わなくても、旧型の特徴を継承しながらデザインは進化する
例えばじゃ…植物や動物が初めて上陸した時代は変化が色々と必要だった
海中で進化した大昔の植物は水中の成分を自由に吸うことができた
でも空気中では干からびてしまう
ショゲ…
そこで水が蒸発しないように表面がワックス処理されるようになったが…
ピキーン
今度は空気を入れ換えづらくなってしまった
ぐ…くるしい…
最終的には気孔が進化して水分を保ちながら空気を吸えるようになった
スーハー
CO_2
O_2
大昔、消化管が浮き袋へ、そして肺へ進化した
浮き袋
胃
肺
そのため空気と食べ物が一緒の場所に入ってくることになった
しかしこれでは気管に食べ物が時々詰まってしまう
ウグッ
そこで喉頭蓋《こうとうがい》ができ、反射的に肺への道を塞ぐように進化した
喉頭蓋
肺
胃
それでも反応が遅すぎて窒息してしまう時がある…空気を吸う口と食べる口が両方あれば良かったのかものう
スーハー
O_2
CO_2
こういうぎこちないものを見ると、一発で設計されたというより試行錯誤を繰り返した進化の方が当てはまるじゃろう?
だろ…
ポケットウオッチの論理は成り立たないのじゃ
ブーッ
屁理屈だっ!! 神の思し召しは我々にはわからんのだ!
ワオ…
まだ納得しないんなら取っておきの証拠を次の章で見せたるわい!!
ふーん…

更なる証拠

"Man is quite insane. He would not know how to create a maggot, and he creates gods by the dozen."

Michel de Montaigne

「人間はウジ虫一匹創造する術もないのに、
己らの神だけはやたら創造する。」

ミシェル・ド・モンテーニュ

第六章

形態学、発生学と痕跡器官

この章ではわしが攻撃に出るぞ！
ヤバ…
ツイニイカレタカ
違う種でも基本的な形が似ているのは一つのものから進化してきた証拠じゃ
はんげきかいし～～!!
例えば盲腸じゃ…我々の遠い先祖は主食の植物を消化するために大きな盲腸があった
今でも牛など多くのほ乳類では健在だ
ところが人間の食生活が変わって盲腸はいらなくなったのにまだある※
大腸
小腸
草を消化する盲腸
四つの胃
草がくえんわけじゃ…
胃
大腸
小腸
ちっこい盲腸

※人間の盲腸は全く役に立たないわけではないが、盲腸炎のために盲腸を切除したケースを見ると、切り取った影響はほとんど無いようだ。少なくとも人間にとって盲腸は牛のようには必要とされていない。

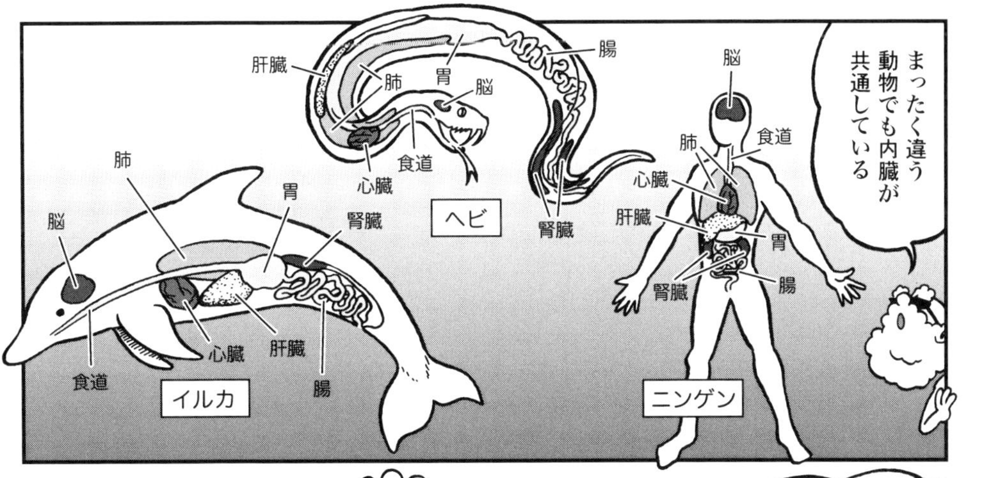
まったく違う動物でも内臓が共通している
肝臓
肺
胃
脳
腸
心臓
食道
ヘビ
腎臓
肺
胃
脳
腎臓
心臓
肝臓
食道
イルカ
脳
食道
肺
心臓
肝臓
胃
腎臓
腸
ニンゲン

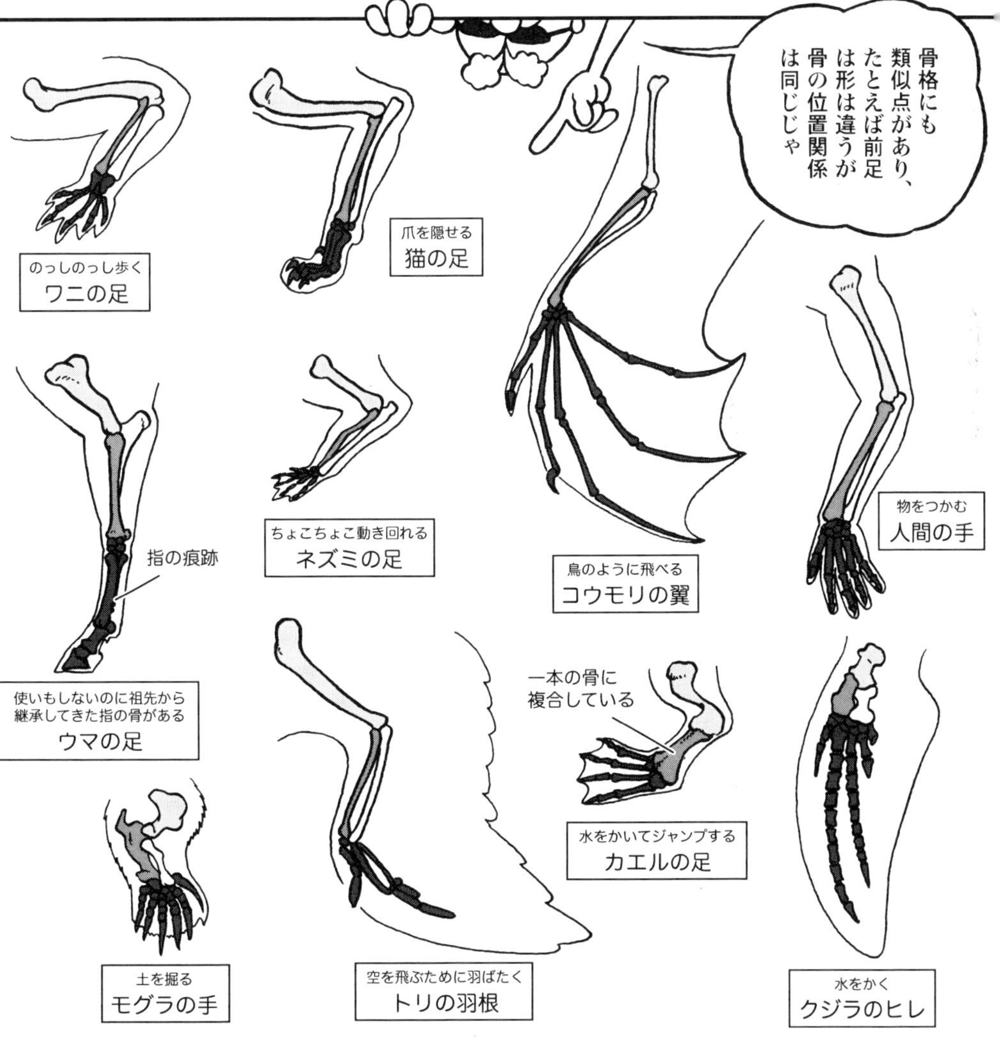
骨格にも類似点があり、たとえば前足は形は違うが骨の位置関係は同じじゃ
のっしのっし歩く
ワニの足
爪を隠せる
猫の足
ちょこちょこ動き回れる
ネズミの足
鳥のように飛べる
コウモリの翼
物をつかむ
人間の手
指の痕跡
使いもしないのに祖先から継承してきた指の骨がある
ウマの足
一本の骨に複合している
水をかいてジャンプする
カエルの足
土を掘る
モグラの手
空を飛ぶために羽ばたく
トリの羽根
水をかく
クジラのヒレ

いいデザインだから神様が再利用したんでしょ？
似ているのはそれだけではないんじゃ
発生学、つまり生物の育ち方の研究が面白い話を語ってくれる
フジツボがエビやカニと同じ甲殻類の動物だって知ってた？
本当？
大人に育った後の形は違うが…
発育の初段階が似ている※同じ祖先を持った証拠じゃっ!!
カニ
エビ
フジツボ
人間も初期段階にはしっぽやエラのようなものがあるのじゃ
この猿しゃれだけは一人前だな…
しっぽ
オッ!!
両生類であるイモリの子供にはエラとヒレがある
しかし大人になるとそれらはなくなる
子供
大人
へぇー
イモリの子供は水の中で生まれるからヒレやエラがあるのだ、と思えば不思議ではない…
ところが、いとこのアルプスサラマンダーは卵を産まず、成熟した子供を産むんじゃが…
エイッ!!
ポン
ママと同じくエラとヒレはないよ
生まれる前の胎児にはちゃんとエラとヒレがあり、泳げるのじゃ
これは胎児にはまったく必要のない特徴じゃ
スーイ
スイ
スポポン
アヘッ
住む環境とは関係なく祖先と同じ発育段階の道をたどっているのね
生物の身体には「デザインされた」ということでは筋が合わない過去の痕跡が他にいくらでもある

※カニ、エビやロブスターは成長した後でも口の周りにある腕も数えれば手足の数は皆同じである。

ボアなんて蛇なのに後ろ足があるし…
クジラも後ろ足の骨がある…
後ろ足の痕跡
洞窟にすむある種のカニは、使わない目が長年のうち退化してしまい…目を支えていた部分だけが残っている
いずれその部分もなくなってしまうかものう
目の支え
盲目のキタドウクツギョの頭には、皮膚に覆われた神経の固まりがある
大昔これも目だったのじゃろう
目は便利なのになぜなくなったのかしら?
アメリカミズーリ州の
キタドウクツギョ
まあ…突然変異によって目が見えなくなっても、暗闇にいるぶんには支障はない…※
目が見えた先祖
変異
遺伝
遺伝
遺伝
遺伝
変異
代が進むごとに見えない魚が増えていく
逆に目に使うエネルギーが節約できていいのかもな
こんな必要ない臓器や痕跡を残した設計なんて・・完璧と言えるか?!
え!? ペイリー君!!
ギュッ
生命は突然変異が積み重なって進化したと考えるのが一番自然な説明ではないかね?
フンッ

※暗闇では他者の目を気にする必要がないので、キタドウクツギョの体は色素がなく、血が透けてピンク色に見える。世界中の他の洞窟にもこの様に色素のない生物が色々といる。

現在起きている進化の例

ねえ…
大昔の話もいいけど今起きている進化の例ってないの？
進化は時間がかかるからのう…
ホラアッチ
人間の手によって進化したヘイケガニみたいないい例もあるが時に人間は知らずにとてつもなく危ない方向に進化を向けてしまうことがある
ここではそんな話を一つしよう…
ぶすっ!!
こんな顔でいいわけないだろう！
人間は自分を生物の王者と思っている…
赤コーナー 50キロ ニ〜〜ンゲ〜〜ン！
しかしその存在を揺るがす者がいる！
青コーナー 0・00000000000025グラム バ〜〜クテリア〜〜ァ！
You're goin' down!!
1000X
しゅしゅっ
ほっほっ
こんな小さいやつがどうしたというんだ!?
クスクスッ
馬鹿にしてはいけない… 世界最古の生命のひとつで今では世界中のどこにでもいる大変成功している種族だ 全世界のバクテリアの総重量は他の生物全ての総重量より多いといわれている
1ミクロン = 1/1,000,000 メートル
2ミクロン
これ以上小さいものは光顕微鏡では見れない、一番小さいバクテリアの一つ
Haemophilus influenzae
プリプリッ
ウンチを臭くする張本人
Escherichia coli（大腸菌）
君の消化器官の中だけでも百兆ものバクテリアがいる※
体の細胞の数より多いのじゃな…
オラの体重の半分はバクテリアだ
ホカホカ
硫黄を食べる世界最大の微生物
Thiomargarita namibiensis
普通のバクテリアの3百万倍!!
いい湯じゃぁ
摂氏８０度でも平気な
Thermus aquaticus

※バクテリアは増殖が早く、２０分ごとに1回、1匹が2匹へと倍に増えていく。つまり、栄養さえあれば1匹のバクテリアは２４時間で1万トンもの子孫に増える計算となる。バクテリアは英語で「細菌」のこと。

ほとんどの細菌は無害で…生態系と複雑に結びつき、欠かせない存在である
また食べ物を作るのに使われたり…人の体の中ではビタミンKを製造するものや食べた物の消化を手伝う双利共生のものもいる
このような食製品を作るのにも細菌が使われている
チョコレート
チーズ
ヨーグルト
コーヒー
もちろん細菌には病気を引き起こすものもいる
ハラ…イタイで
うう〜…
うんこくうたらあかんゆーたろ？
虫歯
傷の感染
食あたり
全て細菌の仕業である…
疫病がそうだ…15世紀、ヨーロッパ人によって天然痘やはしかが新大陸に持ちこまれ…
逆に新大陸からは梅毒がヨーロッパにもたらされ…※
人間の船が運んできてしまったわけじゃな
ヨーロッパ
アメリカ
無数の命が奪われた
また6世紀には「ユスティニアヌスの疫病（黒死病）」が地中海沿岸の国々を襲い…人口が激減した
コレラ菌に感染するとひどい下痢や嘔吐を起こし、脱水状態になって死ぬこともある
う〜…
ゴロゴロ…
5千年以上も昔のエジプトのミイラからも細菌による結核の形跡がみられる
ケッ…ケッカク??
Mycobacterium tuberculosis
結核菌
Vibrio cholerae
コレラ菌

※らなみに天然痘とはしかは細菌ではなく「ウィルス」である。ウィルスは細菌よりも小さいモノだが、新陳代謝がない上、他の生物に感染しないと増殖できないため、生き物と呼べるかどうかはっきりしない。生き物とは何か？　読者諸君はどう思う？

一方的にやられっぱなしね…
やはり人間にも天敵はいるのじゃな
人間の本格的な反撃は前世紀に始まる
第一次世界大戦でフレミングは細菌の感染が敵の鉄砲より恐ろしい事を知った
おーまいがー！
ただのすり傷だったのに…
ズキ ズキ
イギリスの医者
アレキサンダー・フレミング
彼は終戦後、細菌に対抗する薬の開発を決心した
おっしゃーっ
ところが研究室はあまりにも散らかっていて…
でーっ
ドカッ
大事なサンプルにカビが…
少しかたづけよっと…
おっ…不思議だ！
カビが生えているところには細菌がないぞ！
細菌
カビ
細菌
…というわけで1928年、フレミングは偶然に細菌の増殖を抑える「抗生物質」を発見した
ほら…散らかしっぱなしにするのも悪いことばかりじゃないだろ？
それとこれとはちがうの!!
そのカビが作る抗生物質は「ペニシリン」と呼ばれ第二次世界大戦で大量生産され…肺炎や結核にも効いた
ペニシリンが発見されていなかったら君も今は生きていないかものう
ヒトは知性の進化によって自然淘汰に対抗した

もちろんペニシリンは万能薬ではない…他の病気には他の抗生物質が発見されていった
これで人間も安心ね
まさかこう簡単に収まるまい
オーレオマイシン
テトラサイクリン
ストレプトマイシン
クロロマイシン
テラマイシン
バンコマイシン etc.
そう…話はそこで終わらない。安く手に入る抗生物質は飴のように配られ…
ザ・ドクター
まだ直らないのか…じゃあ処方量を増やしてみよう…
効きませんでしたー
んじゃ次はこれを試してねー
薬
処方の量も適当な上…抗生物質が効かないウィルスの病気にまで処方する医者もいた
効きませーん
じゃ次はこれー♪
薬
ま…でも抗生物質を飲んでも害はそんな無いんでしょ?
そうだが…抗生物質の乱用で細菌は徐々に鍛えられ、抗生物質が効かない種が現れ始めた※
あっそう…もう抗生物質は全部試したから治療法はないよ…
がーん
ががーん
がーんん…
…ん…
ナハハッ…
おおっ!!! ここの説明はわしにさせてくれぃ!!
抗生物質を十分処方しなかった治療をしたとしよう
細菌の中には抗生物質にちょっと強い変種がいて、わずかにだが生き残ってしまう…
で、そういう抗生物質に対して耐性をもつ細菌たちがどんどん増殖してしまうのじゃ
細菌がうようよの病気状態
オエッ…
抗生物質の使用後
残った細菌が増殖する
このような治療法を続けていると、しまいには抗生物質が効かない化け物に進化させてしまうわけじゃ!!
くすりが きかん…

※ペニシリンも使われ始めてからたった数年で、処方量をかなり増やさなければ効かない患者が出てきた。

さすがダーウィン先生！今では抗生物質の効かない「スーパー細菌」が現れている
変な細菌が多くて抗生物質を多く処方する病院はスーパー細菌を育てる絶好の場所である
スーパー細菌基礎訓練学校
ローカル病院
でも抗生物質を使わなければ人は死ぬし…
使えば細菌が恐ろしい怪物に進化する…どうすればよいのじゃ？
抗生物質を使う時は中途半端に使わず、細菌を徹底的に退治することが大事だ
八月
ちゃんと最後まで使うんだぞ
はいっ!!
さらに処方の際、一つだけでなく何種類か別の抗生物質を一度に使うという手もある
処方された抗生物質全てに耐性を持つ変種がいる可能性は低いので確実に殺すことができる
階段みたいにすれば徐々に高いレベルも超えられるけど…一度にレベルを高くした場合超えられないのと同じね
ドンッ
ドベシッ
でも貧しい国では無理じゃろうな…
家畜に抗生物質を食べさせると早く育つため大量に使われているが、これもスーパー細菌を進化させる手助けになっている※
ほれ大きくなるんだぞ
モグ…
今ではフレミングの発見した初代ペニシリンはほとんど効かず、どの抗生物質も効かない細菌が世界各地で出現している
検疫
だしてくれ〜っ
どうする？
どうにもならん…
わしのペニシリンが!!
その上、細菌は死んだ細菌のDNAを自分に組み込む事ができる
DNA
この特徴は使えるぜ
ジュルルッ
人間は新しい抗生物質を開発しているが、細菌の進化にはついていけない
ま…まさにイタチごっこじゃ！

※例えばアメリカでは抗生物質の7割は治療以外のために使われている。

しかも交通の発達で病原菌はすぐに国境を越えてしまう
スーパー細菌が世界中に回ったら世界の終わりね…
レッツゴー!!
もちろん人間も進化して戦っているのだこういう例がある…
1980年代以来ますます問題になっている「エイズ」は世界の隅々に広がった伝染病で、人の免疫システムがHIVウィルスに破壊され、病気に抵抗できなくなる病状である
後天性免疫不全症候群
Acquired Immune Deficiency Syndrome
Human Immunodeficiency Virus
ヒト免疫不全ウイルス
免疫システムとは身体を病気から守る機構で、その一員の「ヘルパーT細胞」はウィルスなどの侵入者と戦う
ストーップ!!
ぎくっ…
よそもん
ヘルパーT
ヘルパーT細胞にはCCR5という受容体が表面にいっぱいあるのだが1996年にHIVウイルスはCCR5をこじ開けて細胞に侵入することが分かった※
CCR5
HIV
グッ クグ…
侵入されたヘルパーT細胞はHIVウイルスを造る工場と化し、免疫システムは徐々に破壊されていく
おい！しっかりしろ!!
ヘルパーT
オマエタチヲドーカスル
こーげき！
ところがCCR5を記述する遺伝子にも変異がたまに現れ、ある変異因子を1つだけ持った人はCCR5が少なく、それが2つある場合CCR5は全くない
このような遺伝子を持った人はほとんどエイズ症状にかからないのだ
チッ入れねえっ!!
へへっ!!
不思議とヨーロッパ人の2割がこの変異因子を持っていて、アジア人やアフリカ人には全くない
8％以上
未知
8％以上
8％以下
未知
0％
0％
そんなの不公平よ！
まあまあ…

※受容体とはカギ穴みたいなもので、合カギの分子が付くと細胞に影響を与える。例えばアドレナリンという分子が心臓細胞の受容体に付くと心拍数が上がったり、血管細胞に付くと血管が収縮したりする。このように分子のやりとりが体の中でのコミュニケーションとなる。

面白いことにこの変異因子を持つ人が7百年前に急に増えたのだ
…7百年前つうと…
歴史をちゃんと勉強してりゃあよかった…
えーっと…
まいったなー
センセー…
14世紀の半ば…ヨーロッパでは人口の3分の1が謎の病気で死んだ……熱とともにリンパ腺が膨らんで痛み…内出血が起こり…黒い腫れ物が体を覆い尽くすことから「黒死病」と呼ばれるようになった
じゃあ黒死病が淘汰の力を与えたのかしら?
まだはっきりしていないが、この時なんらかの理由でCCR5の変異因子を持った人が生き残ったのかもしれない
ちょっとまった!!
黒死病《ペスト菌》に負けずに生き残った人の遺伝子が、現在では偶然にも新しいエイズという病気に対抗する術になっているのか…
うーむ…
人間と細菌の戦いはいまだに終わらない
細菌に対抗するためにも多様性が大事なのね
だれかの遺伝子がいつか不意に役に立つかもしれんからな

遺伝学が解き明かす新たな真実

生命の全てを記述する遺伝子…
進化論の研究に一番役立った進歩は遺伝学だろう
身体とは遺伝子を継承するための器でしかないという考え方もできる
今回でおしまいとなるが
進化論にとって重要な遺伝学についてもっと話そう
わしの頃は遺伝子など発見されていなかったから楽しみじゃ！
「利己的遺伝子説」の
リチャード・ドーキンズ

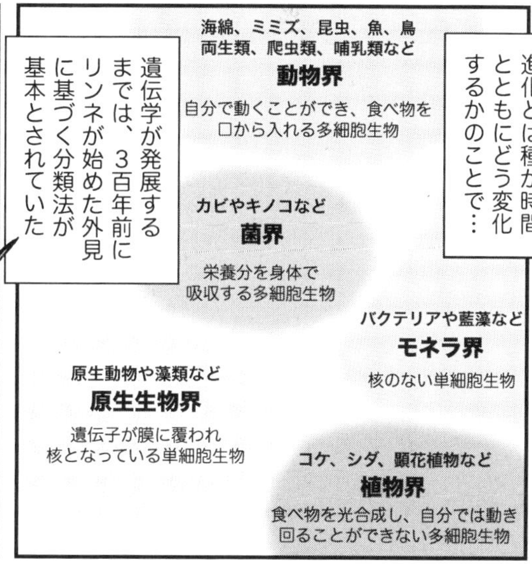

進化とは種が時間とともにどう変化するかのことで…
遺伝学が発展するまでは、3百年前にリンネが始めた外見に基づく分類法が基本とされていた
海綿、ミミズ、昆虫、魚、鳥
両生類、爬虫類、哺乳類など
動物界
自分で動くことができ、食べ物を
口から入れる多細胞生物
カビやキノコなど
菌界
栄養分を身体で
吸収する多細胞生物
バクテリアや藍藻など
モネラ界
核のない単細胞生物
原生動物や藻類など
原生生物界
遺伝子が膜に覆われ
核となっている単細胞生物
コケ、シダ、顕花植物など
植物界
食べ物を光合成し、自分では動き
回ることができない多細胞生物

もちろん外見が似ているからといって血族関係があるとは限らない※
は虫類
イクチオサウルス
ほ乳類
イルカ
魚類
マカジキ

※収束進化の説明は第四章の「進化に方向性はない」を参照。

しかし現在では遺伝子を比べることで生物同士の関係や変化がわかるようになった※
...TGTGATGTAGACCTGTAGTC...
...TGTGATGTACACCTGTAGTC...
たとえば世界には飛べない走鳥類がいるが、これらは同族なのか…
そうじゃなぁ…
エミュー
レア
キーウィー
遺伝子によれば親戚で、大陸移動などで分かれたことがわかった
同じ鳥の種(飛べない)
別の種に進化する
長年の大陸移動で住みかが分かれる
さらにカバはブタよりもクジラやウシのほうに近いこともわかった
お前も親戚か?
ホントカ?
じゃぁ…今年の忘年会はおれんちでな…
ヘモグロビンを記述する遺伝子は魚類、は虫類、霊長類の間でほとんど同じところがある
遺伝子を交換しない種が共通の遺伝子を持つということは共通の先祖が昔いたということじゃな
ギクッ
...GTCTACCCTTGGACCCAGAGGTTCTTTG...
...GTCTACCCCTGGACCCAGAGGTACTTTG...
また目は生物によって異なるが、その遺伝子は一致しているところが多い

※遺伝子はA、T、G、C、四つの分子が様々な順序で列なってできている。ある生物の様々な特徴を記述する全ての遺伝子を「ゲノム」といい、生物のゲノム同士を比べる学問を「比較ゲノミクス」と言う。

そんな遺伝子の中にも「ジャンク遺伝子」という使われないものがある
セッセ
セッセ
てれるな…
役立つ遺伝子はタンパク質を記述したりする※1
役に立たないジャンク遺伝子
もじもじ…
遺伝子はコピーされるときのミスなどで変異して淘汰されていくが、ジャンク遺伝子は変異の影響が表に出てこないので淘汰の原理は働かない
おい粗大ごみ！
なあにすでに見捨てられてんだ
例として嗅覚の進化をたどってみよう…ヒトの嗅覚の進化は5億年前の原始的な魚から始った
ヒクッ
ヒクッ
嗅覚細胞の表面には受容体（タンパク質）があり…受容体に合った分子がくっつくと神経を伝わって脳に感知される
漂っている分子
脳へ信号
ぴとっ
受容体
犬や狼は獲物を数キロ離れたところからでも感知し、小動物は天敵のオシッコを百万分の1だけでも探知できる
むっ！ウサギ…
オオカミ！
ゆうめし…
進化につれ…受容体の種類は増え、ネズミなどは1500種類もの受容体の遺伝子がある
色んな匂いをかぎ分けられるでちゅー！※2
ヒトはネズミから1億年前に別れ…受容体は900種類に減少し、それを記述する遺伝子の7割は働かないジャンクになってしまっている
それくさってるぞ！
何のこと？
ん？
オレカナ…
くんくんくんっ!!
ワンワン
なんかニオウゾ…
ネズミの受容体がヒトに働かない状態で存在することは進化を通して共通の先祖がいる証拠だ
人間は視覚に頼るようになったため嗅覚遺伝子が劣化したのかもね
働く嗅覚受容体の割合：
ニンゲン 3割
ゴリラ 5割
オランウータン 6割
ネズミ 8割

※1 タンパク質は色々とあり、生体の重要な構成成分のひとつで、細胞の中でも様々な役割を持つ。前に話したヘモグロビンもタンパク質である。

※2 ネズミの全遺伝子の20分の1が嗅覚の遺伝子である。

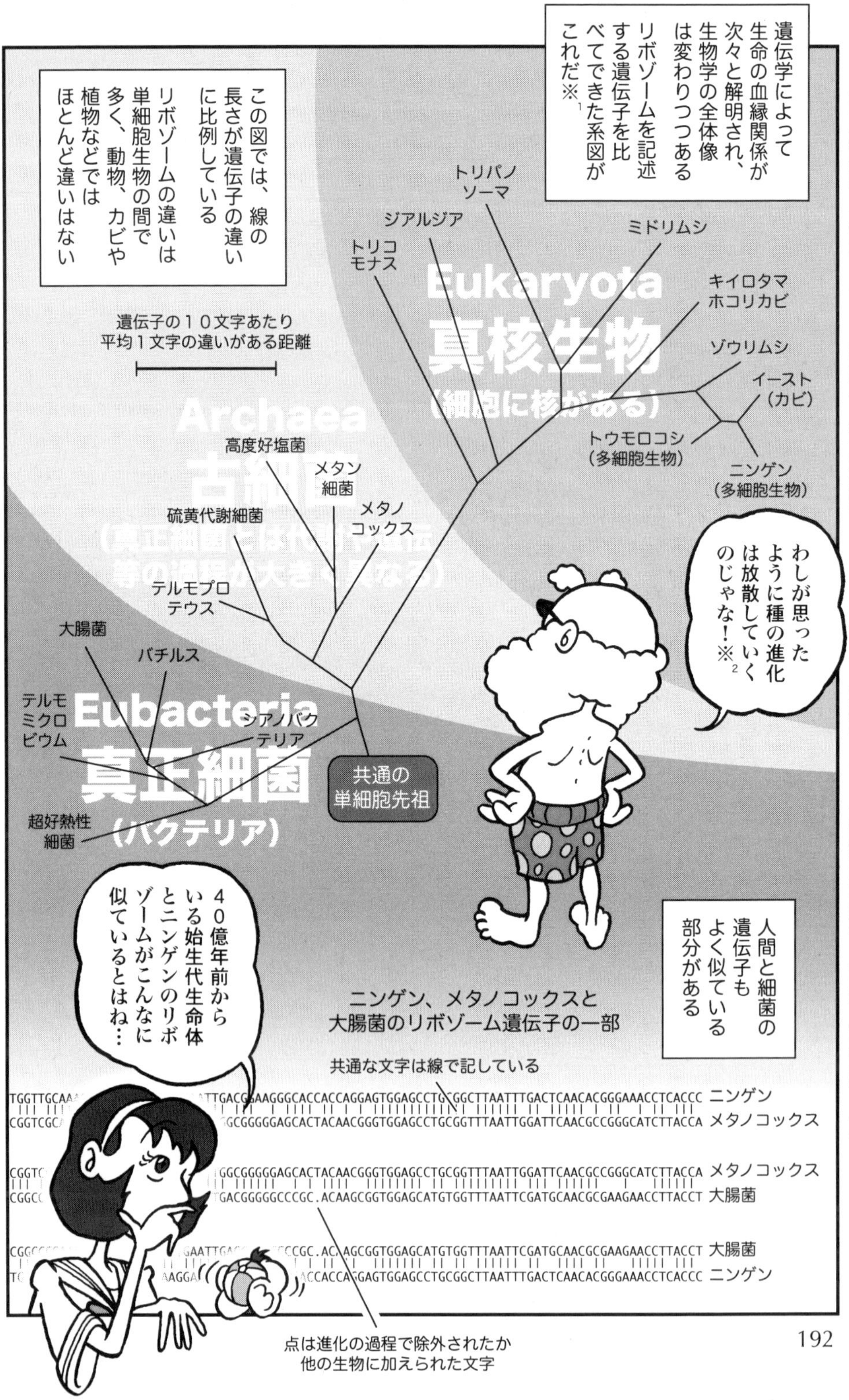

遺伝学によって生命の血縁関係が次々と解明され、生物学の全体像は変わりつつあるリボゾームを記述する遺伝子を比べてできた系図がこれだ※1
この図では、線の長さが遺伝子の違いに比例している
リボゾームの違いは単細胞生物の間で多く、動物、カビや植物などではほとんど違いはない
遺伝子の１０文字あたり平均１文字の違いがある距離
Eukaryota
真核生物
（細胞に核がある）
トリパノソーマ
ジアルジア
トリコモナス
ミドリムシ
キイロタマホコリカビ
ゾウリムシ
イースト（カビ）
トウモロコシ（多細胞生物）
ニンゲン（多細胞生物）
Archaea
古細菌
（真正細菌とは代謝や遺伝等の過程が大きく異なる）
高度好塩菌
メタン細菌
メタノコックス
硫黄代謝細菌
テルモプロテウス
Eubacteria
真正細菌
（バクテリア）
大腸菌
バチルス
テルモミクロビウム
シアノバクテリア
超好熱性細菌
共通の単細胞先祖
わしが思ったように種の進化は放散していくのじゃな！※2
人間と細菌の遺伝子もよく似ている部分がある
40億年前からいる始生代生命体とニンゲンのリボゾームがこんなに似ているとはね…
ニンゲン、メタノコックスと大腸菌のリボゾーム遺伝子の一部
共通な文字は線で記している
ATTGACGGAAGGGCACCACCAGGAGTGGAGCCTGCGGCTTAATTTGACTCAACACGGGAAACCTCACCC ニンゲン
GCGGGGGAGCACTACAACGGGTGGAGCCTGCGGTTTAATTGGATTCAACGCCGGGCATCTTACCA メタノコックス
GGCGGGGGAGCACTACAACGGGTGGAGCCTGCGGTTTAATTGGATTCAACGCCGGGCATCTTACCA メタノコックス
TGACGGGGGCCCGC.ACAAGCGGTGGAGCATGTGGTTTAATTCGATGCAACGCGAAGAACCTTACCT 大腸菌
AGCGGTGGAGCATGTGGTTTAATTCGATGCAACGCGAAGAACCTTACCT 大腸菌
ACCACCAGGAGTGGAGCCTGCGGCTTAATTTGACTCAACACGGGAAACCTCACCC ニンゲン
点は進化の過程で除外されたか他の生物に加えられた文字

※1 リボゾーム＝タンパク質を製造するのに必要な細胞小器官。リボゾーム自体タンパク質なのである。

※2 生命が放散して進化していく現象を「適応放散」という。ラマルクが想像していた直線的な進化と対抗した概念である。

遺伝学は新たな発見を次々とした
例えばトビムシは足が6つあるため昆虫の先祖とされていたが、遺伝情報によればそうではないことがわかった
似ているけれど関係はない
アリ
トビムシ
動物の進化の経路も次々と書きかえられ…
脊椎動物
昆虫
ミミズ
環形動物
軟体動物
チョウチン貝
クラゲ
遺伝学に基づいた経路
形態学に基づいた経路
犬はオオカミから進化したことが確定し、一番古い種類はペキニーズやアキタ犬などアジアのものだと最近わかってきている
秋田犬
ペキニーズ
もちろん石化した生物の遺伝子は崩壊し…使い物にならないため、実験は今存在している生物に限られる
これじゃだめじゃな
ジュラシックパークは作れないのね…※
それでも正確な系図が今の生物のゲノムから判明すれば、過去の生物の研究もさらに進むだろう
ねえニンゲンはサルから進化したんなら家系図ってないの?
比較ゲノミクスの結果、霊長類の系図はこうなる
思ったより最近にサルから別れたのじゃな
8百万年前
ゴリラ
6百万年前
5百万年前
アルデピテクス
2百万年前
2百万年前
アウストラロピテクス
ニンゲン
ボノボ
チンパンジー
チンパンジーとニンゲンの遺伝子は98%が同じだと言われている
じゃあダーウィンとスパイクはほとんど同じ?
イヤダナァ
だれがじゃ?
ムッ

※有機物質は石化するとミネラルで入れかえられてしまうのだが、樹脂からできる琥珀の中では長い間保存されることがある。しかし遺伝子はもろく、生物を復元できるほどの恐竜の遺伝子はいまだに見つかっていない。

※[1] 細胞の中にあるミトコンドリアは、大昔の単細胞生物との双利共生の生活から合体したものとされている。
※[2] 突然変異だけによる変化は親からの遺伝子が代々混ざって変わるのよりはるかに遅いので、進化を計る時計として読みやすい。

そう…ニンゲンはサルとは関係なく特別に創造されたということや…サルとは別に独自に進化したという概念は崩れ去っていった
誰がエリートだって？
ところで全人類の先祖はアフリカにいた大昔のお婆ちゃんらしい
えっ？
どうしてそんなことがわかるの？
タイムマシン？……
いや…ミトコンドリアの比較ゲノミクスの結果だ
細胞には発電所として働くミトコンドリアがあり…ミトコンドリアは自分独自の遺伝子を持っている※[1]
細胞の中
ミトコンドリア
またミトコンドリアは母親からしか遺伝しない
つまり受精で変化せず、変化するのは突然変異したときだけである
精子からは父親からの遺伝子しか入ってこない
じゅるるっ
ぴとっ
卵子には母親からの遺伝子とミトコンドリアが入っている
突然変異が一定の割合で起きるとすれば、ミトコンドリアの変化をたどることでいつ、どのように家系が分かれたかがわかる※[2]
...ACCTGT...
推定の遺伝子
...TCCTGT...
4万年前の人
2万年前の人
...AGCTGA...
...TCCAGT...
...TCCTCT...
現代人
時間と共に遺伝子変化が増える
ミトコンドリアの遺伝子を比べる
そう…研究の結果20万年前のアフリカのある女性「イブ」が全人類の母となったのだ
アフリカ
ほんとうに人類はみんな兄弟なのね！
なーるほど！

人間は人種がどうのこうのと言っているが…違う人種の人間の遺伝子は同じ人種の遺伝子より似ていることが多い
ニソゲンは6万年の間ほとんど変わっていないため進化の視点から見ればみな同じだ
わしとあんたも同じだってさ！
やれやれ…
ヘ〜へ〜
ニンゲンにもハエ、ミミズ、ウニ、植物やバクテリアと共通している遺伝子が色々とある
ワタシモ…
オラモ…
オイラモ…
遺伝子を使ってそれをATGCの文字で記述していること自体、生物が関連している証拠かもね？
グッドポイントじゃ…地球ではこれ以外のシステムはないからのう
とにかく生物の遺伝子を全て読みとることができれば正確に生命の家系図が調べられる
おおっ!!
遺伝学ってすごいわね！
これからもゲノミクスと進化の研究が進み…生命が今までどうやって進化し、これからどう進化するのかもわかっていくのじゃろうな！
とても良い勉強になったわ！ダーウィン先生ありがとう！
ペコッ
どんなもんじゃ!!
イヤイヤ
ちょーしにのるな!!

エピローグ

“Nothing in biology makes sense except in the light of evolution.”

Theodosius Dobzhansky

「生物学の全ては、進化を考えに入れない限り意味を持たない。」

テオドシウス・ドブジャンスキー

「種の起源」の影響はダーウィンが思ったより遥かに大きく、後戻りできないほど人類の哲学と文化に影響を及ぼした
えっ?
ほじ ほじっ…
僕がどうしたって?
大昔から人々は考えた…
世の中の変化は偶然によるものか?
それとも必然なのか?
ダーウィンなら両方が正しいと言っただろう
ランダムに変化が生じた後…
自然淘汰が働き…生き延びる者を選ぶ
ダーウィンは分岐する進化の概念を提唱し…
何千年も信じられてきた完成型に向かうという生命の信仰をくつがえした…
ふふんっ
アリストテレス
ラマルク
俺達の説が…
生命の根源は神や運命から自然へと移ったのだ

それまで多くの人達は自分を神に特別に創られた者と考えてきたが…
なに?! ちがうの?
クレオパトラ
コペルニクスが地球は宇宙の中心ではないと言った時、人々の宇宙観が変わったように…
5百年前のポーランドの天文学者
ニコラウス・コペルニクス
ダーウィンの進化論は神が人に特別な立場と権利を与えたわけではないことを暗示した
お前らよりえらいんだぞ
どこが?…
ダーウィン進化論を元にハクスリーやヘッケルは、「人間は猿と共通の先祖を持つ」という研究成果を挙げ…
…人間は更に特別な存在ではなくなった
ダーン
ハクスリーゴリラ
ダーンッ
ヘッケルサル
「種の起源」を読んで医者から転職した生物学者
エルンスト・ヘッケル
大昔…地球を支配していた恐竜が絶滅したのも何かの激変があったためだろうが…
隕石だーっ!
そのような偶然の出来事がなかったら、今は恐竜の世界になっていただろう
そう考えると現在人間がいるのは運命の気まぐれかもしれない…
現在
大昔
ガチン
ガチン
ダーウィンは、人間とは自然の中で生き延びてきた生物達の平凡な一員で…全ての生き物は一つの根源を持つだろうと言う
ヘイ ブラザーッ!!

「種の起源」に書かれている「自然淘汰による進化」は初めて生命全般に適用できる法則として生物学の柱の一つとなった
生物学
自然淘汰による進化
ズーッ
現在では様々な進化の説が存在するがほとんどの場合遺伝学と合わさったダーウィンの進化論が基盤となっている
種の起源
チャールズ ダーウィン
見方を変えれば…ダーウィンは魂の宿る「生命の世界」と科学の法則で記述される「物質の世界」をつなぎ…我々がどこからどのように歩んできたのかという問いに一つの答えを与えたのだ！
ググッ… グ…
$2H_2+O_2 \rightarrow 2H_2O$
$E=mc^2$
$F=ma$
$F=G\frac{m_1m_2}{r^2}$
ふっふっふ…
会いたかったよヤマトの諸君…
気をつけて古代君！
雪っ！
……
あのダーウィン先生…もうそろそろ…
…四日…と…
ん？
おっ そうか そうか…
ハハ…長くなってしまったから まとめようか…
オ…オホン

いろいろと
話したのう…
じゃが、一番の
ポイントは
自然淘汰じゃ
生き抜いた
ものが子供に
特徴を継承し…
気の遠くなる
ような時間をかけて
環境に対応していく
そりゃぁ自然や
生命を見ると
想像を超えた
素晴らしさが
あり、神様が
デザインしたよう
にも見える…
でも子供に
できないこと
だって…
うーん…
ズル
ズル
ズバーン!!
一歩一歩
上達して
いけばー
できる
ように
なるし…
知識や文明などは
人間一人で創り
上げることは到底
想像できないもの
でも…
多くの人が
頑張って時間を
かければできる
ものだ
自然は地球上の全て
を利用して40億年間
も頑張ってきたんだ

進化をこのように理解できる生物は今のところ我々人間だけかものう
それだけに自然を尊重し…将来のためにも最善をつくす義務があると思うのじゃ
んだ…
うん うん
スパイクもわかったのね…

私たち生命の背後には数え切れないほどの先祖がいる…
一つ一つの生涯はたとえ小さくとも、生命の壮大な物語には欠かせない一節
その物語は命が自然の中で磨かれてきた歴史…
その歴史があるからこそ、今の私たちがいるのじゃ！

自然をこのように
眺めると不思議で
すばらしいものだと
思わぬか？
これからも生命が
どう進化するのか
楽しみじゃのう…
完

『*Missing Links*』
ロバート・マーチン著
2004, Jones and Bartlett, Sudbury, Massachusetts

『*Charles Darwin and the Evolution Revolution*』
レベッカ・ステフォッフ著
1996, Oxford University Press, Oxford

『ビーグル号航海記　*The Voyage of the Beagle*』
チャールズ・ダーウィン著
Everyman Library, London［島地威雄訳、岩波書店］

『利己的な遺伝子　*The Selfish Gene*』
リチャード・ドーキンズ著
1976, Oxford University Press, Oxford

『ダーウィン進化論を解体する』
浅間一男著
1986、光文社

『ガラパゴス』
藤原幸一著
1993、データハウス

『進化論の不思議と謎』
小畠郁夫監修、山村紳一郎、中川悠紀子著
1998、日本文芸社

『*The Shape of Life*』
ナンシー・バーネット、ブラッド・マットセン著
2002, Monteray Bay Aquarium Press, California

天体写真協力　伊藤明彦

参考図書

『新版図説　種の起原　*The Illustrated Origin of Species*』
チャールズ・ダーウィン著
1979, Rainbird Publishing［吉岡晶子訳、東京書籍］

『*Evolution　The Triumph of an Idea*』
カール・ジンマー著
2001, HarperCollins, New York

『チャールズ・ダーウィン　生涯・学説・その影響
Charles Darwin: The Man and His Influence』
ピーター・J. ボウラー著
1990, Blackwell, Oxford［横山輝雄訳、朝日選書］

『図解雑学進化論』
中原英臣著
1999、ナツメ社

『社会生物学　*Sociobiology: The New Synthesis*』
エドワード・O. ウィルソン著
1975, Harvard University Press, Cambridge, Massachusetts
［伊藤嘉昭監訳、思索社］

『*Darwin for Beginners*』
ジョナサン・ミラー、ボリン・バン・ルーン著
1989, Pantheon Books, New York

『*The Diversity of Life*』
エドワード・O. ウィルソン著
1992, Norton, New York

『*Evolutionary Biology*』
ダグラス・フュトゥーマ著
1986, Sinauer, Sunderland, Massachusetts

■著者紹介

田中　一規（たなか　かずのり）

1971年東京生まれ。赤ん坊の時にアメリカのボストン市に移住。
1993年ハーバード大学卒業。
2000年MIT（マサチューセッツ工科大学）大学院物理学博士課程修了。

子供の頃から読んでいた日本の
マンガに影響され、マンガ家になった。

昼間はソフトウェア会社で働き、
夜中にはマンガを描きながら
「スーパーヒーローには本業が必要！」
と自分を励ましている。

著書に「よくわかるマンガ微積分教室」（講談社）がある。

マンガ「種《しゅ》の起源《きげん》」

■二〇〇五年五月二〇日第一刷発行
二〇一九年七月二〇日第八刷発行

■著者——田中一規《たなかかずのり》

■発行者——渡瀬昌彦

■発行所——株式会社講談社
東京都文京区音羽二—一二—二一
郵便番号一一二—八〇〇一
販売　〇三—五三九五—四四一五
業務　〇三—五三九五—三六一五

■編集——株式会社講談社サイエンティフィク
代表　矢吹俊吉
東京都新宿区神楽坂二—一四　ノービィビル
郵便番号一六二—〇八二五
編集　〇三—三二三五—三七〇一

■印刷所——豊国印刷株式会社

■製本所——株式会社国宝社

ISBN4-06-154901-4　NDC 460　211p　21cm